本书由河北省科技厅科学普及专项（项目名称："平安中国"公共安全科普图书创作，项目编号：21556203K）支持

应急减灾安全常识

路一平　王丽君　王媛媛
咸秀柔　赵宇鹏　赵　宁　著

U0227405

科学技术文献出版社
SCIENTIFIC AND TECHNICAL DOCUMENTATION PRESS
·北京·

图书在版编目（CIP）数据

应急减灾安全常识 / 路一平等著. —北京：科学技术文献出版社，2022. 12
（2024.12重印）
ISBN 978-7-5189-9970-5

Ⅰ.①应… Ⅱ.①路… Ⅲ.①灾害防治—基本知识 Ⅳ.① X4

中国版本图书馆 CIP 数据核字（2022）第 243071 号

应急减灾安全常识

策划编辑：杨　杨　责任编辑：李　晴　责任校对：王瑞瑞　责任出版：张志平

出　版　者	科学技术文献出版社	
地　　　址	北京市复兴路15号　　邮编　100038	
编　务　部	(010) 58882938，58882087（传真）	
发　行　部	(010) 58882868，58882870（传真）	
邮　购　部	(010) 58882873	
官方网址	www.stdp.com.cn	
发　行　者	科学技术文献出版社发行　全国各地新华书店经销	
印　刷　者	北京虎彩文化传播有限公司	
版　　　次	2022年12月第1版　2024年12月第3次印刷	
开　　　本	710×1000　1/16	
字　　　数	170千	
印　　　张	12.25	
书　　　号	ISBN 978-7-5189-9970-5	
定　　　价	48.00元	

前　言

　　当今时代，科学技术发展日新月异，知识经济已经进入人类文明发展的历史进程，全面落实科教兴国战略和可持续发展战略，大力加强科学技术普及工作，引导人们树立正确的世界观、人生观、价值观，增强全社会的科技意识，提高全民族的科学文化素质，激活全体劳动者的创新潜能，使更多的科技成果得以广泛应用，使科学思想在全社会广泛传播，倡导积极向上的先进文化和科学、健康、文明的生活方式，对于维护社会稳定、强国富民、增强综合国力、加速有中国特色的社会主义现代化建设、实现中华民族的伟大复兴，具有重大的现实意义和深远的历史意义。

　　作为科技工作者，不仅要做好应急减灾的文化传播，更要讲好平安故事，展现时代风采，增强建设安全稳定社会的使命感、责任感、紧迫感，努力弘扬科学精神和公共安全精神，提升国民公共安全观念和科学文化素养，激发国民的防灾减灾和自我防护热情，使国民关心和热爱并支持我国的公共安全事业建设，更好地为我国公共安全和防灾减灾现代化建设事业发展服务。

　　进入 21 世纪，接连发生的美国"9·11"恐怖袭击事件、韩国地铁火灾、肆虐多个国家的"非典"、新冠肺炎①、东南亚海啸、智利地震、日本"3·11"大地震，以及我国"5·12"汶川地震、舟曲泥石流等各种灾害，对人类社会造成了巨大损失和长远影响。频繁发生的各种灾害，提醒人们要科学合理地防范

---

① 2022 年 12 月 26 日，国家卫生健康委发布 2022 年第 7 号公告，将"新型冠状病毒肺炎"更名为"新型冠状病毒感染"。自 2023 年 1 月 8 日起，解除对新型冠状病毒感染采取的甲类传染病预防、控制措施。

灾害，也将城市灾害和自然灾害应急管理问题再一次紧迫地提到各级政府和广大民众面前。

新冠肺炎疫情提高了公众对公共安全的关注度，人们对公共安全相关知识的需求也显著增加。目前，学校使用的公共安全读本多从防火、防盗、防触电等微观角度出发，提高学生自我保护的安全意识。但从宏观角度出发讲述国家社会层面公共安全的多为政策法规类读物，适合青少年读者阅读的科普读本较为匮乏。

根据社会的迫切需要，我们组织专家编写了《应急减灾安全常识》一书。本书围绕公共安全与应急管理、常见的主要自然灾害、人为灾害、公共卫生事件、新技术下的应急管理5个方面，向广大读者生动诠释"应急减灾安全"的理念。从应急减灾安全常识入手，以公共安全"典型事例"为脉络，深入浅出地剖析安全的重要意义，与读者一起研究和探讨如何创建平安社会的未来。

希望本书能够开阔广大读者的视界，扩宽公共安全的知识面，激励更多的青年朋友奋发图强，投身公共安全和防灾减灾事业中，在建设平安社会的生动实践中放飞青春的梦想。

目　录

1 公共安全与应急管理

1.1 公共安全

1.1.1 安全观的历史演变

安全通常指人没有危险，人类控制对自身利益威胁的能力。人类的整体与生存环境资源的和谐相处，互不伤害，不存在危险的隐患，是免除了使人感觉难受的损害风险的状态。

人类自身利益的内容相当广泛，通常包括生命、健康、财产、资源、生存空间领土、领海、领空、信息、无形资产、商业机会、传统、文化、社会结构、运行机制及秩序等。

根据对于人类自身利益的威胁，安全可分为国家安全、社会安全和公共安全3个方面。

安全观是一个国家对其自身安全利益，以及其在国际上所应承担的义务和所应享受权利的认识，是对其所处安全环境的判断，同时也是对其准备应对威胁与挑战所要采取措施的政策宣言。

在工业社会之前，除了自然灾害及疫病之外，由于生产集约化和城市化程度低，事故造成的损失规模有限。因此，在人类社会的历史进程中，最初人们往往认为"安全"即"国防"。安全受制于国家之间的军事冲突，各国为保卫领土和扩大边界而扩军备战。加强军事实力，是世界上所有国家主要的安全手段。按照传统观念，国家安全主要涉及的是军事问题，军事安全是指一个国家以军事力量和军事手段维护自己的主权不受侵犯和领土完整。这是传统安全观的主要表现形式。

第二次世界大战促使了非传统安全观的产生。随着时代的发展，安全要素和议题不断增多，安全研究的领域得到不断拓展。对非传统安全观有着重要影响的新自由主义安全观认为，国家不再是占支配地位的国际角色，世界政治与经济多极化导致众多的角色活跃在国际舞台上。武力不再是有效的政策手段，军事安全也不再是安全的首要问题，经济、科技、文化、社会等方面在安全领域的地位和作用不断上升。社会发展到一定程度，安全范围日益扩大，就形成了综合安全观。

冷战结束后，军事因素在国际关系中的地位相对下降。与此同时，全球化的快速发展，使国际社会面临着更复杂的安全挑战，人们的安全观念发生重大转变。综合安全观充分吸收了"人的安全"等理念，其核心是人的安全。在新的国际形势和时代背景下，综合安全观关注的对象是人类。因此，那些直接对人的安全存在威胁的要素，是考察综合安全的基本出发点。现代人已经不仅满足于生存的需要，而更关注发展的需要。因此，对安全提出了更高层次的要求，控制事故成了现代社会中一项重要的公共事务。

当前，在我国国泰民安是人民群众最基本、最普遍的愿望。实现中华民族伟大复兴的中国梦，保证人民安居乐业、国家安全是头等大事。要坚持国家安全一切为了人民、一切依靠人民，动员全党全社会共同努力，汇聚起维护国家安全的强大力量，夯实国家安全的社会基础，防范化解各类安全风险，不断提高人民群众的安全感、幸福感。

1.1.2　我国公共安全研究现状

公共安全一般是指社会公共安全，主要是指社会公民在日常学习、工作、生活中所需要的一种相对稳定的社会秩序和外部环境。

美国、日本等飓风、地震频繁的国家，城市安全方面的理论研究开始较早，并且都已用于城市管理中，从孤立地建设抗震、防洪、消防等单项系统向综合化发展，从抗灾救灾转向防灾，建立了以"防"为主、抗救结合的安全防灾管理体系，并制定了相对健全的法律法规。

我国公共安全研究起步较晚。公共安全研究受到重视始于2001年美国发生的"9·11"恐怖袭击事件，直到2003年我国暴发"非典"疫情，公共安全研究才开始日益受到重视。

2003年暴发"非典"疫情之后，政府意识到我国应尽快建立完善、全面的公共安全管理应急预案体系。自此，我国的突发事件应急预案编制修订工作稳步展开，相关研究也相应地快速增多。根据研究成果，国务院部署2004年工作时，把加快建立、健全社会预警体系，完善公共安全管理应急机制，提高政府应对能力与效率，作为全面履行政府职责的一项重要任务。

2006年4月1日起施行的《城市规划编制办法》将城市安全问题列为城市总体规划的强制性内容，并做出了明确的规定。强调了"综合防灾"的思想，提出了"公共安全"的概念。

2007年《中华人民共和国突发事件应对法》出台后，公共安全研究逐渐成为学术界的研究热点，国内学者主要围绕公共安全基础理论研究、公共安全体系研究、公共安全风险评估及治理、公共安全事件应对研究和突发事件信息与舆情研究等主题展开研究，并取得了一系列研究成果。

2008年1月1日起施行的《中华人民共和国城乡规划法》，更是以法律的形式对城市规划的防灾减灾公共安全进行了确定和保护。城市公共安全规划应运用科学的方法，保障在发展经济的同时，以最小的投资获取最佳的公共安全效益。

通常，公共安全领域的研究会被冠以"城市危机管理""城市应急管理""城市突发事件管理"等不同名称，但其研究内容大都是围绕"城市政府如何预防和控制各类灾害和事故的发生，保护人民生命财产安全"这一主题进行的。

近年来，对于公共危机管理综合性研究呈上升趋势，学者们纷纷对危机及与危机管理相关的概念进行界定，对公共危机类型划分、公共危机的诱因、研究领域和范围及公共危机管理体系（机制）的构建等进行了分析，并形成了"制度论"、"公共关系论"、"经验论"和"全面整合论"等不同分析视角。但从公共安全角度出发的危机管理研究主要集中于城市范畴，主要从社会管理与公共服务的视角，对我国社会转型期的城市安全管理现状加以评价，并提出城市公共安全资源的整合及公共安全管理机制的完善路径，尝试构建城市公共安全相关模型。

《中华人民共和国国民经济和社会发展第十四个五年规划和 2035 年远景目标纲要》明确提出了通过"提高安全生产水平""完善国家应急管理体系"，全面提高公共安全保障能力，进而"统筹发展和安全建设更高水平的平安中国"任务。这显示了近年来国家对公共安全越来越重视、要求越来越高的趋势。

我们必须清醒地看到，当前我国的公共安全研究和相关工作与复杂多变的公共安全形势还不匹配，与经济社会快速发展的形势还不适应，与最大限度地保障人民群众生命财产安全的要求还有差距。

总体而言，对于公共安全问题的研究还不够系统。目前的研究很大程度上仍然是以如何应对安全事故、安全矛盾关系、安全事件等这一思路为主，从安全问题的源头出发进行涉及多学科系统性的研究较少。

中国的社会公共安全研究目前主要还是以定性研究为主，定量研究总体较少。且社会公共安全领域研究运用国外的理论较多，尚未形成有中国特色的本土化系统理论体系。

1.1.3　公共安全文化

文化是人类在不断认识自我、改造自我的过程中，在不断认识自然、改造自然的过程中，所创造的并获得人们共同认可和使用的符号（以文字为主、以图像为辅）与声音（语言为主，音韵、音符为辅）的体系总和。文化是凝结在物质之中又游离于物质之外的，能够被传承和传播的国家或民族的思维方式、价值观念、生活方式、行为规范、艺术文化、科学技术等，它是人类相互之间进行交流的普遍认可的一种能够传承的意识形态，是对客观世界感性知识与经验的升华。

人类的一切生活及生产都是在一定的文化背景下进行的，都离不开文化的作用和影响。公共安全文化是为了人们安全生活和安全生产所创造的文化，是为确保社会公共安全而进行的宏观层次上的安全制度、安全机制和安全设施与微观角度的安全理念、安全思想和安全习惯等的结合。

"安全文化"是以"人"为目的，服务于人，服务于最广大人民群众最根本利益。在公共基础上去实现安全，在安全的前提下去保障公共利益，这是公共安全文化的精髓所在。

安全文化建设的根本目标是最大限度地保障人民生命财产安全、保障社会稳定发展。安全文化既能够通过提升人的安全素养减少不安全行为的发生，从而避免事故的发生，又能通过形成安全自觉行动，在事故发生后开展自救互救，挽救生命和财产损失。

为加强应对自然灾害的公共安全文化建设，应有针对性地开展防灾救灾的宣传和演练，使广大民众了解各类多发性自然灾害的基本知识，掌握灾害识别的基本方法，掌握防范灾害事故、减轻灾害损失的基本技能。

很多人都听说过国内外大城市发生过这样一些事故和灾害：韩国汉城三丰百货大楼的塌跨，致使 400 余人丧生；日本东京地铁发生的"沙林"毒气事件，使数千人受害；克拉玛依友谊宫大火，死亡 320 余人……现代社会每年约 350 万人死于人为事故造成的损伤；每死亡一个人，还伴随着 4 个人的伤残。

早在 2008 年 5 月《华盛顿邮报》网站就发表调查报告指出，从公民安全文化教育与综合素质标准看，虽然经历了"9·11"恐怖袭击事件、卡特里娜飓风袭击，但仍有 93% 的美国人没有为应对自然巨灾、流行性疾病暴发或恐怖袭击事件等重大灾难做好充分准备。

面对如此严重的社会灾害与现实，每一个公民首先必须要做的事情，就是行动起来，为了自身安全素质的提高而努力。只有每一个公民都行动起来，学习必需而有效的安全知识和技能，掌握基本的安全科学技术知识和方法，使每一个公民的安全意识得以增强、安全素质得以提高、安全行为得以改善，现代生活环境的安全与减灾才能落到实处，事故风险才能降到最小限度，国家文化发展与经济建设才能得以保障。

当前，在中国社会发展过程中面对不断增加的综合性安全挑战情况下，通过各种各样的方法保持社会稳定和人民的人身财产安全，是决定中国现代化成败的一项基础性工作。随着安全形势的深刻变化，党和国家越来越把安全文化摆到了一个新的高度。当今人们所提及的安全文化更加着眼于全社会范围内安全共识的凝聚、安全意识的培养和安全知识技能的普及，体现着"大安全文化"的思想理念，蕴含着丰富的新时代内涵。

1.1.4　公共安全管理和危机应急

公共安全管理概念，美国称为"紧急事态管理（Emergency Management）"或者"突发事件管理"（Incident Management）。

美国联邦紧急事态管理局对"紧急事态管理"定义为：组织分析、规划、决策和对可用资源的分配以实施对灾难影响的减除、准备、应对和恢复。其目标是：拯救生命；防止死亡；保护财产和环境。

对于我国来说，公共安全管理，就是指国家行政机关为了维护社会公共安全秩序、保障公民合法权益及各项社会活动的正常进行，获取人力、物力、财力等资源并通过计划、组织、指挥、协调、控制等手段和过程，对影响和破坏公共安全的各种因素施加影响和进行控制的活动过程。

根据实践，我国总结出公共安全管理主要应坚持以下原则：以人为本，减少危害；居安思危，预防为主；统一领导，分级负责；依法规范，加强管理；快速反应，协同应对；依靠科技，提高素质。

各级政府要把加强公共安全管理尤其是应急管理，摆在重要位置，把人力、财力、物力等公共资源更多地用于社会管理和公共服务；严格落实安全生产行政许可制度，落实各级领导安全生产责任制。

要健全公共安全管理机制，健全监测、预测、预报、预警和快速反应系统，加强专业救灾抢险队伍建设，健全救灾物资储备制度，搞好培训和预案演练，全面提高国家和全社会的抗风险能力。

　　要用法治来确保公共安全，即加快规章制度建设，健全与完善关于维护公共安全的法律法规，严格依法办事。要加快应急管理的法制建设，形成有中国特色的管理法制体系，把应急管理工作纳入规范化、制度化、法制化轨道。

　　加大科技研发力度，把科技产品运用到维护公共安全上面去。用高科技对安全高发区进行监控、警报等预防。

　　建立公共安全应急救援体系，制定公共安全应急预案，搞好安全技术培训，提高安全防范和管理水平。使应对突发公共事件的组织，快速反应，高效运转，临时不乱。

　　提高基层应对突发公共事件的处置能力，提高群众应急能力和自救能力。

　　随着全球自然环境的变化与世界格局的动荡变换，无论是自然灾害还是人为因素导致的事故灾难，都变得日益纷繁复杂。保障人民生命财产安全、社会安定有序和经济社会系统的稳定运行，已经成为国家公共安全的核心组成部分。

　　党的十八大以来，我国公共安全科技水平和应急综合保障能力迅速提升，防范化解重大风险和应对突发事件综合能力显著提升，公共安全治理成效显著。但同时，我国仍处于经济、社会、文化全面转型之中，社会治理的复杂性不断攀升，公共安全形势依然严峻，安全事故和风险正在从生产安全单一领域向社会全领域的公共安全转变，各类风险隐患增多且呈现相互叠加、相互耦合态势，各类风险、灾害类事件造成的损失严重。给我国经济社会发展、加快推进现代化及实现经济社会发展目标带来很大威胁。

　　同时，必须认识到当前我国公共安全和应急保障能力与水平仍处在起步阶段，我国公共安全管理中还存在一些突出问题。例如，法律法规及预案体系有待完善；重应急处置，轻平时预防；应急管理科学化水平有待提高；应急联动机制尚有提升完善的空间；事后总结提升不足；等等。

　　加强公共安全管理，维护社会治安稳定，是构建社会主义和谐社会的一项重要内容，是当前城市化发展的一个必然要求，也是历史赋予管理者的重要历史使命。只有实施有效的公共安全管理，才能将各种安全隐患消除在萌芽状态，充分调动协调社会各方力量，激发社会活力与积极性，保证社会平稳有序的发展，保障公民生命、财产的安全，并以此推动我国经济社会持续健康的发展。

1.2　防灾减灾理念

1.2.1　灾害对人类社会造成的消极影响

自然灾害对人类社会所造成的危害往往是触目惊心的。它们之中既有地震、火山爆发、泥石流、海啸、台风、洪水等突发性灾害；也有地面沉降、土地沙漠化、干旱、海岸线变化等在较长时间中才能逐渐显现的渐变性灾害；还有臭氧层变化、水体污染、水土流失、酸雨等人类活动导致的环境灾害。

这些自然灾害和环境破坏之间有着复杂的相互联系。人类要从科学的意义上认识这些灾害的发生、发展及尽可能减小它们所造成的危害，已是国际社会的一个共同主题。

灾害对人类社会造成的消极影响表现在以下多个方面。

首先，灾害对社会经济造成巨大的损失。它导致社会经济系统失衡，使人员伤亡、财产损失。例如，2008 年 5 月 2 日热带风暴"纳尔吉斯"袭击缅甸，造成超过 13 万人死亡和失踪的悲剧；同年 5 月 12 日发生在中国四川省汶川县的 8.0 级特大地震共造成近 9 万人死亡和失踪，直接经济损失 8400 多亿元。

灾害对经济的影响，不仅包括因各种工程设施及工农业产品、商储物资、生活与生产设施和物品等因灾害所形成的财产损失，还包括社会生产和其他经济活动因灾导致停工、停产或受阻等所形成的损失。根据官方发布的相关统计资料，我国最近十几年来由自然灾害所导致的经济损失存在不断扩大的趋势。

其次，灾害对社会政治造成消极影响。大灾对于社会的影响非常严重。例如，清咸丰五年（1855 年）黄河决口，河南不少州县遭黄河河水漫淹，江苏、山东、安徽等省灾害频繁。1852—1871 年为清朝第三次人口下降期，这是由于清政府与太平天国起义军的战争、黄河第六次决口大迁徙及帝国主义军队攻陷京津等原因造成的综合结果。光绪三年，山西、河北、陕西、河南等省大旱，共计死亡1300万人，连年灾荒和清政府的腐败，引起了人民的反抗，为清朝灭亡吹响了前奏曲。

灾害频发无疑会影响社会秩序，危害社会稳定和社会安全，影响政府形象，妨碍和谐社会的建设。为了减轻灾害的影响，每次发生重大自然灾害后，为了安排灾民的吃穿住行，国家都要拨发大量救灾救济款，重建被灾害摧毁的住房和公用设施。由于灾害的影响，国家原来的生产建设安排必须重新调整，以克服因灾区生产停顿造成的对其他地区生产的不利影响；国家在制订来年国民经济计划时，对农业、轻工业受灾害波动的行业计划要重新规划。

最后，灾害对社会心理造成负面影响。世界的不安全、人类生存环境的恶化，势必引起个体心理的恐惧，而其性质大都是负面的。如果不能及时控制个体心理恐惧的传播和流行，可能会导致负面的连锁反应。灾害期间和之后的心理创伤有时会持续很长时间，因此，已成为一个引起广泛关注的问题。

灾害灾难给人类社会和经济发展造成的巨大损害提醒我们，作为人类面临的共同课题，防灾减灾任重道远。

1.2.2 灾害管理的发展

人类的历史就是不断地遭受灾害的困扰而又不停地同灾害进行斗争的历史。人类对自然界的认识是一个不断深入的过程，对灾害的应对，也经历了从被动到主动的过程。从世界范围来看，从原始状态到现代建立规范的应急管理制度，大致可以划分为以下几个阶段。

（1）人们开始考虑防灾和减灾

生活在不同文化背景下的人们，最初都曾试图借助想象力来认识灾害和征服灾害。例如，流传千古的后羿射九日、精卫填海等神话故事，都反映了先民对灾害的原始反应，这种反应总体上是消极被动的。

人们对灾害做出积极的反应始于1666年伦敦发生的一场大火。这场大火在5天时间内，烧毁1.32万间房屋，近90座教堂、市政厅、皇家交易所、海关等政府设施和图书馆、医院都被大火烧塌，伦敦市几乎 2/3 被摧毁。这场大火刺激了人们对建筑规范和保险的逐渐采用。也可以说，人们开始考虑防灾和减灾。这是人们对灾害进行应急反应的第一个阶段。

（2）政府开展经济援助

1803 年，美国新罕布什尔州的朴次茅斯发生一场大火，受灾社区的恢复面临巨大的困难。国会决定通过法令，以便可以用联邦的财力来帮助州和地方政府。

在此后的几十年里，美国国会多次对灾害做出类似的反应，如 1906 年旧金山地震等。1803—1950 年，在与 100 多起各种灾害的斗争中，各受灾地区都通过特别法令得到了联邦政府的经济援助。自此，对灾害的应急反应进入了一个崭新的阶段。

（3）对灾害的管理进入正式立法阶段

在自 1803 年以来通过的 100 多项特定的灾害之后制定的进行灾害支援法令基础上，1950 年，美国制定了《联邦救灾法》，这是灾害应急走向法制化的开始。《联邦救灾法》为联邦政府在减灾中发挥持续的作用奠定了法律基础，明确规定：在重大灾害中，联邦政府要向受影响的州和地方政府提供有序的持续的经费，用来维修基本的公用设施，发展州和地方抵御大灾所必要的组织和计划。

简单地说，1950 年，人们对灾害的反应有了正式的立法。

（4）形成综合灾害应急管理机制

鉴于有相关研究表明：将联邦的责任分散在许许多多的联邦机构中，缺少一个综合性的全国紧急政策，妨碍了各州对灾害情况的管理。1979 年，卡特总统发布总统令，建立联邦紧急事务管理局，将分散在整个联邦官僚体制下的有关灾害应急管理的计划和人员集中起来，标志着综合灾害应急管理的开始。

灾害是危害各国人民的大敌，为了防止和减轻各种灾害的危害，各国政府都因地制宜地建立了自己的灾害管理体制。近百年来，各国都依据本国的灾害特点，以主要灾害为对象，由相应部门管理。随着近 20 年现代化进程，一些发达国家注意到上述体制在防治重大灾害中的严重缺陷，根据现代化综合防灾的需求，要求灾害管理体制相应地向综合管理方向改进。美国政府率先设立的联邦紧急事务管理局，为综合灾害应急管理机制的形成发挥了导向性作用。

美国等发达国家在建立和施行城市灾害管理制度方面，已经积累了较多的经验，具有启示意义。

中国是灾害频发的国家，为防范化解重特大安全风险，健全公共安全体系，整合优化应急力量和资源，推动形成统一指挥、专常兼备、反应灵敏、上下联动、平战结合的中国特色应急管理体制，提高防灾减灾救灾能力，确保人民群众生命财产安全和社会稳定，2018 年 4 月，作为国务院组成部门的应急管理部正式组建成立。随后，在 2018 年年底前，地方各级政府也纷纷对标国务院的机构设置，完成应急管理厅、局的组建。

我国灾害管理（或者说应急管理）的中国特色是非常鲜明的。但是，应急管理部的运作方式会越来越接近美国联邦紧急事务管理局紧急状态部的运作方式，因为各国的灾害特点和管理都有着很多共性。

1.2.3 当前我国安全治理面临的问题

1995 年，全球治理委员会在一份研究报告中提出了"治理"的概念，把治理看作各种公共的或私人的个人和机构管理共同事务的诸多方式的总和。随后，马克·韦伯等学者把"治理"概念引入安全领域。随着时代的发展，安全治理的概念也在不断扩大。各级政府除了要积极预测和防控各种自然灾害事件外，还需积极应对火灾、生态破坏、交通事故、工业事故、环境污染、工程灾害等事故灾难，防范传染病疫情、食物中毒等公共卫生事件。

总体而言，安全作为发展的重要方面，已经受到社会各方面的广泛关注，我国安全治理工作也取得了显著成绩，但仍存在以下几个方面的问题。

（1）治理理念落后，缺乏风险防范意识

我国公共安全治理注重灾害应对，缺乏经济安全、社会安全等全方位的安全理念，明显具有重物质层面建设而轻社会层面建设的缺陷，是一种相对片面和狭隘的治理理念。

此外，一直以来，政府与公众都欠缺防患于未然的风险意识，灾害和风险预警机制长期落实不到位。从近年来我国发生的一些重大安全事件中可以发现，我国缺乏风险防范意识，忽视对安全隐患的排查，经常在出现安全事故之后才仓促应对，导致本该可以避免的风险逐渐演化为重大危机事件，损失严重。

（2）治理主要靠政府，缺乏多元社会主体的积极有效参与

目前，在"大政府、小社会"的社会治理模式下，各级党委、政府基本承担着所有公共安全产品和服务的供给，包揽了包括风险预测预防、应急准备处置、危机善后恢复等大部分安全治理事务。这样做在资源调配与组织动员方面有着明显的优势。然而，这不仅增加了政府负担，降低了安全治理效率，而且使得市场、社会组织与公众等多元社会主体的力量处于被动地位，难以发挥积极作用。由于我国缺乏有效的多元主体互动协作机制，政府、企业、社会组织与公众之间的互动与合作尚不够深入。虽然我国城市公共安全治理中社会力量的参与已取得一定的进步，但是规范化不足、参与规模和合作深度不够等问题，依然非常突出。

（3）联动机制不健全，综合协调能力有待强化

综合协调一直是安全治理中的难点。面对这一难点，整合了原国家安全生产监督管理总局、国土资源部等13个机构和部门的应急职能，2018年我国成立了应急管理部，各地也成立了应急局。但应急管理机构如何与城市治理的其他机构和部门（如交通部门、公安政法部门等）协调联动，政府、市场、社会如何协同共治等方面，还有很多问题需要解决。有些地方在建立健全减灾、防灾、救灾综合协调机制方面进行了探索，努力建立自然灾害监测预警信息共享机制，逐步实现气象灾害、水旱灾害、森林火灾、地震、雨雪冰冻、地质灾害等灾害监测数据、灾情信息、灾害风险信息和应急管理资源的共建共享共用；建立与气象、水利、自然等部门的自然灾害监测预警联合会商机制，强化应急管理与相关涉灾部门、灾害发生地之间的会商研判、协同配合和应急联动等。但是，还有进一步加强和深化的空间。

（4）现代科技在防灾减灾方面的作用尚未充分发挥

现代科技是防灾减灾的有力支撑。只有提高综合科技能力，充分应用新一代信息技术，防灾减灾"安全网"才能越织越密，人民生命财产"防护墙"才能越筑越牢。当前，我国在安全治理方面，对于大数据、互联网、人工智能等智慧治理新技术的运用还不够成熟。大多数城市还未能利用现代信息技术有效整合资源，建立公共安全风险信息共享平台、交互终端和数据库系统；部分已经建立智能防灾系统的城市，也不能充分发挥作用，主要还是依靠人工巡查预防灾害，造成安全治理的整体效率还不够高，减灾效果也不尽如人意。

1.2.4　防灾减灾新理念：建设"韧性城市"

新时代我国城市安全治理工作迈入新的发展阶段，与此同时，随着城市系统复杂性和脆弱性的增加，我国城市安全治理工作所面临的问题表现出新的特征和发展趋势。

现代城市的快速发展引发了巨大的安全风险，城市安全治理的重要性日益凸显，如何提升城市安全治理的有效性成为各级政府亟待解决的难点问题。

传统的强调以安全防御为主的城市安全治理在应对城市安全风险新趋势时出现不适应性，韧性建设强调对风险的适应性、回应力、恢复力和学习力，为城市安全治理的观念更新与体系优化提供了新的方向和路径。

"韧性"和"韧性城市"是目前国际社会在防灾减灾领域使用频率很高的两个概念。韧性的本意是指"回到最初的状态"，起源于工程力学领域。工程韧性强调系统在面对外部的扰动时能够保持最佳的功能状态，这与传统的生态平衡观念一致。同时，工程韧性假定系统只有一种理想的稳定状态，韧性的强弱取决于其受到外部扰动而脱离稳定状态之后能够恢复到初始状态的迅捷程度。

加拿大生态学家克劳福德·霍林首次将韧性的思想应用到系统生态学的研究领域。生态韧性不仅意味着系统能够恢复到原始状态的平衡，而且可以促使系统形成新的平衡状态。生态韧性强调系统得以持续生存的自我适应和自我修复的能力。

韧性城市的倡导与建设主要起源于欧美西方国家。2002年，倡导地区可持续发展国际理事会在联合国可持续发展全球峰会上提出"韧性城市"的概念。城市作为人类生态学的主要组成部分和活动主体，增强其韧性是实现城市安全和可持续发展的战略选择。

韧性城市是指城市中的个体、社区、机构、城市机能及城市系统无论受到何种突发性冲击和长期性压力的影响仍然具备生存、适应和成长的能力，是在各种风险和危机治理中呈现出的一种恢复力。

韧性城市建设对城市自身恢复力的强调，有望成为优化城市公共安全治理的重要途径，为城市公共安全治理现代化提供了全新理念和具体思路。

韧性城市建设主张树立城市公共安全常态化、制度化管理的思维和理念，注重过程导向，而不是单纯的结果导向，是一种更优良、更具发展潜力的城市公共安全治理模式。

韧性城市强调要通过总结、反思与学习让城市安全治理系统变得更强大，无论灾害和风险如何发生都能承受冲击而不陷入混乱。与传统城市应急管理相比，韧性城市更注重城市长期发展的演变规律，不仅强调物质层面公共安全风险的发生过程，更强调公共安全风险的社会构建过程，倡导从"授人以鱼"向"授人以渔"转变。越来越受推崇的是韧性城市，不是"没有灾害"的城市，是在提高城市基础设施、组织制度、经济及社会韧性的过程中，不断推进城市公共安全治理体系与治理能力的现代化。

1.2.5 "两个坚持、三个转变"

如何加强风险防控，如何提高应急处置水平以有效应对各类重大突发公共事件，既考验着各国政府的治理能力，也体现了各国应急管理体系和能力现代化的程度。

2016年7月28日，习近平总书记在唐山抗震救灾和新唐山建设40年之际到唐山调研考察的讲话中，提出"两个坚持、三个转变"，即坚持以防为主、防抗救相结合，坚持常态减灾和非常态救灾相统一，努力实现从注重灾后救助向注重灾前预防转变，从应对单一灾种向综合减灾转变，从减少灾害损失向减轻灾害风险转变，全面提升全社会抵御自然灾害的综合防范能力。

同自然灾害抗争是人类生存发展的永恒课题，要更加自觉地处理好人和自然的关系，正确处理防灾减灾救灾和经济社会发展的关系，不断从抵御各种自然灾害的实践中总结经验，落实责任、完善体系、整合资源、统筹力量，全面提高国家综合防灾减灾救灾能力。人类与自然灾害的抗争是一个不断"实践—认识—再实践—再认识"的过程。"两个坚持、三个转变"，就是在探索认识自然规律和人类文明发展规律基础上提出的科学论断。

顺应自然、追求天人合一，是中华民族自古以来的理念，也是今天现代化建设的重要遵循。只有认识自然、尊重自然，才能顺应自然、改造自然，在"防"上夯实根基、在"抗"上做足文章，这是遵循发展规律、符合科学精神的具体体现。

"防"字当头，体现了对预防和备灾的重要性。据美国疾病控制中心分析，对伤害预防的投入可以获得数倍或数十倍以上的收益。例如，用于烟雾报警器，每投入 1 美元可获得 69 美元收益；用于防护头盔，每投入 1 美元可获得 29 美元收益等。在灾害管理方面，减灾投入与效益之比，至少是 1∶10。可见，预防是最好的减灾手段。

国外发达国家非常注重从源头上对可能的灾害源进行监测和预防，高投入建设防灾减灾工程及实施非工程措施，从重视事前防范出发，在灾害源头处着手，从而有效地减少灾害带来的人员伤亡、经济损失和社会破坏。

我国是世界上自然灾害最为严重的国家之一，灾害种类多，分布地域广，发生频率高，造成损失重，这是一个基本国情。虽然常态减灾周期长、见效慢，不如火线救灾周期短、见效快、更突显政绩，但灾前预防是更重要的基础性工作，更能体现国家意志，更符合人民利益。

坚持以防为主、防抗救相结合，更加突出"防"的减灾作用，增强"抗"的意识和能力，更加注重综合施策，全面做好防灾减灾各环节的工作。坚持常态减灾和非常态救灾相统一，坚持底线思维，立足防大灾、抗大灾，关口前移,更加注重平时防范和减轻灾害风险。我国各级政府与相关部门已开始重视防灾的作用。越来越多的省份制定了防灾应急预案、防灾减灾规划,大力加强灾害监测预警系统建设,对防灾减灾相关工程加大投入,体现了我国各级地方政府防灾减灾战略正由以前的"重救灾,轻防灾"向既重救灾又重防灾的方向转变。

我国处于太平洋和印度洋两大板块夹持之中,构造运动纷繁复杂,导致既有世界最高的喜马拉雅山脉,也有世界最低的吐鲁番盆地,地震、山崩、滑坡、泥石流等灾害频发。我国气候变化多端,降雨分布不匀,旱涝灾害随时都可能发生,特别是在夏秋季节,问题更加严重。我国地势西高东低,许多地区高差大,容易发生洪水泛滥,并伴随严重的水土流失。在城市化过程中过度和不适当的开发利用造成环境恶化,不仅导致水土流失、地面沉降、大气和土壤污染等城市灾害,同时也会在发生自然灾害时加重灾情。这些都是不能忽视的国情。我国许多城市面临多种灾害的威胁,灾害之间还存在连锁反应,因此,还需要特别防御灾害链的破坏作用。除了做好单一灾害的防灾减灾规划和工程抗灾措施以外,同时还要研究和考虑综合防灾规划和防御措施,建立多灾害综合防御体系。

要增强综合减灾意识,更加注重各类资源、多种手段和各方力量的统筹运用,既要发挥防灾减灾各类资源在应对其他自然灾害中的作用,又要把各行业的防灾减灾资源有机纳入各种灾害的应急应对中,实现从应对单一灾种向综合减灾转变,全面提升全社会抵御自然灾害的综合防范能力。

1.3 减灾文化与国际减灾

1.3.1 灾害文化的内涵

美国学者摩尔等于20世纪60年代最早提出了灾害文化(Disaster Subculture)的概念,将灾害文化理解为灾害常发地民众为应对灾害,在社会、心理、开发利用自然界活动时所做出的实际或潜在的适应。此后,安德森等沿用和发展了这一概念,指出灾害文化是由地域共同体(社区)共有的价值观、规范、信念、知识、技术等要素构成的综合体。

灾害文化作为灾害多发地所保有的文化意义上的安全保障策略,在灾前、灾中和灾后都会对地域共同体及其住民的行为模式和灾害应对措施产生作用与影响。

日本学者在总结1982年北海道浦河镇近海发生7.1级地震灾害损失的经验时进一步提出,灾害文化的理念是通过灾害与人、与社会,灾害事件中人与人之间、人与自然界关系的调整与平衡,形成新的关系,并启迪、教化天下,使人对灾害理解逐渐全面深刻的一种文化。

越来越多的学者认识到,灾害文化的内涵十分丰富,它涉及生态伦理、工程伦理、制度伦理、救助伦理,渗透到社会各领域。它包括人们对灾害认知能力,对灾害防御技术与能力,受灾时人及社会的行为、心理反应,国家与社会建立防灾减灾法律及灾害应急救灾能力,灾后恢复生产与生活能力。也可以说,它包含人们的灾害观,人们的忧患意识、防灾减灾意识,人们在灾害发生时冷静的对应行为、防灾文化教育宣传等。

在经济与科技高速发展的今天,以安全为目的,以减灾为手段的"灾害文化",不仅渗透到人类社会的观念、意识、习俗、法律、规范等各个方面,而且涉及的内容越来越丰富。

中国是自然灾害频发、灾情严重的国家,研究灾害文化,对我国防灾减灾工作具有非常重要的意义。弘扬防灾减灾文化,是贯彻落实以人为本、执政为民理念的根本要求,是防灾减灾事业发展的重要保证,是不断满足人民群众精神文化生活需求、实现人民群众思想道德素质和科学文化素质全面发展的内在需要。

1.3.2　国际减灾十年计划

国际减灾十年计划是由美国科学院院长弗兰克·普雷斯博士于1984年7月

在第八届世界地震工程会议上提出的。此后这一计划得到了联合国和国际社会的广泛关注。联合国分别在 1987 年 12 月 11 日通过的第 42 届联合国大会 169 号决议、1988 年 12 月 20 日通过的第 43 届联合国大会 203 号决议，以及经济及社会理事会 1989 年的 99 号决议中，都对开展国际减灾十年的活动做出具体安排。

国际减灾十年计划拟达到的目的是：

①提高各国迅速、有效地减轻自然灾害影响的能力，帮助发展中国家建立早期警报系统。

②应用现有的知识和技术时，根据各国文化和经济的差异制定相应的方针和策略。

③鼓舞和支持人们填补有关科学和工程方面的空白。

④推广和传播现有的和新开发的评估、预报、预防、减轻自然灾害方面的情报和信息。

⑤通过技术援助和转让，项目示范、教育和训练等计划，发展、评估、预防、预报和减轻自然灾害的具体方法。

1999 年 7 月，在国际减灾十年活动论坛上，联合国秘书长安南指出："灾前的预防比灾后的救援更人道，也更经济。"联合国"国际减灾战略"作为"国际减轻自然灾害十年"活动的后续，提出新世纪国际减灾活动的共同目标是："提高人类社会对自然、技术和环境灾害的抗御能力，从而减轻施加于当今脆弱的社会和经济之上的综合风险：通过将风险预防战略全面纳入可持续发展活动，促进从抗御灾害向风险管理转变。"

国际减灾十年的宗旨，就是通过国际社会把人类的消极救灾活动转变为积极的防灾、抗灾和救灾活动，把防御灾害和减轻灾害的工作做在破坏性自然灾害发生之前。现在全球的"国际减灾战略"，仍然是国际减灾十年活动的继续。

面对自然灾害的侵袭，许多国家也纷纷采取应对措施。中国政府响应联合国的减灾十年倡议，于 1989 年 4 月成立了国家级委员会——中国国际减灾十年委员会，并取得了显著成就，初步形成了全民综合减灾的运行机制和工作体制。

1.3.3　国际减灾日

1989 年 12 月，第 44 届联合国大会通过了经济及社会理事会关于国际减轻自然灾害十年的报告，决定 1990—1999 年开展"国际减轻自然灾害十年"活动，规定每年 10 月的第二个星期三为"国际减少自然灾害日"。1990 年 10 月 10 日是第一个国际减灾十年日，联合国大会还确认了"国际减轻自然灾害十年"的国际行动纲领。

2001 年，联合国大会决定继续在每年 10 月的第二个星期三纪念国际减灾日，并借此在全球倡导减少自然灾害的文化，包括灾害防治、减轻和备战，以唤起国际社会对防灾减灾工作的重视，敦促各地区和各国政府把减轻自然灾害作为工作计划的一部分，推动国家和国际社会采取各种措施以减轻各种灾害的影响。简单地说，"国际减灾日"就是为提高人们对如何采取行动、减少灾害风险的认识。

2009 年，联合国大会通过决议改每年 10 月 13 日为国际减轻自然灾害日，简称"国际减灾日"。

2019 年 1 月 17 日，联合国大会在其通过的第 73/231 号决议中，决定将国际减灾日改为"国际减少灾害风险日"。

每一年的国际减灾日都会有一个专门的主题。2021 年以"构建灾害风险适应性和抗灾力"主题，旨在强调在新冠肺炎流行和灾害风险日益复杂的状况下，需要建立完善政府主导、社会参与、多方协同的灾害风险治理模式，着力构建灾害风险适应性和抗灾力，提高全社会灾害风险治理能力，并最终不断增强人民群众的获得感、幸福感、安全感。

国际减灾日历届主题如下。

1991 年，减灾、发展、环境——为了一个目标。

1992 年，减轻自然灾害与持续发展。

1993 年，减轻自然灾害的损失，要特别注意学校和医院。

1994 年，确定受灾害威胁的地区和易受灾害损失的地区——为了更加安全的 21 世纪。

1995 年，妇女和儿童——预防的关键。

1996 年，城市化与灾害。

1997 年，水：太多、太少——都会造成自然灾害。

1998 年，防灾与媒体——防灾从信息开始。

1999 年，减灾的效益——科学技术在灾害防御中保护了生命和财产安全。

2000 年，防灾、教育和青年——特别关注森林火灾。

2001 年，抵御灾害，减轻易损性。

2002 年，山区减灾与可持续发展。

2003 年，面对灾害，更加关注可持续发展。

2004 年，减轻未来灾害，核心是如何"学习"。

2005 年，利用小额信贷和安全网络，提高抗灾能力。

2006 年，减灾始于学校。

2007 年，防灾、教育和青年。

2008 年，减少灾害风险 确保医院安全。

2009 年，让灾害远离医院。

2010 年，建设具有抗灾能力的城市：让我们做好准备。

2011 年，建设具有抗灾能力的城市——让我们做好准备。

2012 年，女性——抵御灾害的无形力量。

2013 年，面临灾害风险的残疾人士。

2014 年，提升抗灾能力就是拯救生命——老年人与减灾。

2015 年，掌握防灾减灾知识，保护生命安全。

2016 年，用生命呼吁：增强减灾意识，减少人员伤亡。

2017 年，建设安全家园：远离灾害，减少损失。

2018 年，减少自然灾害损失，创建美好生活。

2019 年，加强韧性能力建设，提高灾害防治水平。

2020 年，提高灾害风险治理能力。

2021 年，构建灾害风险适应性和抗灾力。

1.3.4 世界减灾大会

1994 年 5 月 23 日，世界减灾大会在日本横滨市开幕。130 个国家的政府机构代表和 2000 余名防灾专家出席大会。此次大会是由联合国世界减灾十年委员会主办的，主题是"面向少灾的 21 世纪"。这次大会希望能够呼吁各国加强协作，共同对付危及人类生命和财产的自然灾害。会议通过了《横滨声明》和《减灾行动计划》。在《横滨声明》中指出，世界已进入日益相互依存的时代，各国应该在新的伙伴关系下对自然灾害采取行动，为了人类的共同利益建立起更安全的生存环境；而且还强调世界各国应通过技术转让、信息交流等形式，进一步加强区域和国际合作，特别是发达国家应该向发展中国家免费和及时提供有关防灾和减灾的技术及有关数据。在《减灾行动计划》中规定了"减灾 10 年"剩余 5 年的任务和规划。它还规定，每个国家在保护其公民免受自然灾害方面有主权责任，国际社会应优先对发展中国家中的最不发达国家、内陆国家和小岛屿发展中国家在防灾与减灾方面提供合作。

2005 年 1 月，在印度洋地震海啸灾害发生后不久，在日本神户市召开了第二届世界减灾大会，审议通过了《兵库行动框架》和《兵库宣言》。《兵库行动框架》确定了今后 10 年（2005—2015 年）的减灾战略目标和行动重点，强调应使减灾观念深入今后的可持续发展行动中，加强减灾体系建设，提高减灾能力，降低灾后重建阶段的风险。行动框架提倡开发一项能应对所有灾害的早期预警系统，并将其纳入 2015 年之前的优先考虑事宜。《兵库宣言》强调国际社会应吸取印度洋海啸教训，在防灾减灾方面加强合作。宣言重申联合国应在减少灾害、降低灾害风险方面发挥至关重要的作用。以中国民政部部长为团长的中国代表团出席了此次大会，并就如何应对自然灾害风险问题阐述了中方观点，提出了"建立应对重大自然灾害的监测、预防和评估区域机制"的倡议，呼吁应该帮助发展中国家加强灾害预警能力建设。

2015年3月，在日本仙台市召开了第三届世界减灾大会，大会在审议《兵库行动框架》执行情况的基础上，交流了世界各国各地区运用科技进行减灾决策、实施减灾行动等经验。会议通过《2015—2030年仙台减灾框架》，确定了包括到2030年大幅降低灾害死亡率、减少全球受灾人数及直接经济损失等全球性七大目标和四项优先行动事项，呼吁全球各国加大减灾投入力度，加强能力建设，减少自然灾害带来的损失。

1.3.5　国际安全减灾经验

对于防灾减灾而言，识别和衡量自然灾害风险是重要的技术基础。

在灾害管理中，减灾阶段的管理目标在于灾害风险的消减，危险源分析是灾害风险管理的核心基础要件。寻找可能存在的危险源并评估其影响程度是各项决策的信息支持系统，是减灾工具选择与政策制定的基础性工作。在美国，地理信息系统、基于社会科学的脆弱性分析等危险源分析工具在减灾政策选择中被广泛使用。通过建立标准模型评估地震、洪水、飓风的潜在损失，分析灾害的自然、经济及社会层面的影响，并用地理图示标明各个地区的风险水平，指导灾前预案的编制。

建筑设计与土地规划提供了最具成本与效益考量的风险干预措施。其主要手段包括建筑标准、建筑材料、设计标准、地理敏感性分析、老旧建筑加固措施等。美国联邦政府提倡在地震、洪水、飓风高发地区建立各类较高级别的设计与建筑标准。

在国际减灾发展中，巨灾保险是重要的减灾工具，发达国家巨灾保险模式主要有美国加州地震保险、美国国家洪水保险、英国洪水保险、新西兰地震保险、日本地震保险等。

联合国各相关机构、非政府组织、保险公司与研究机构等合作建立了全球性的国际灾害数据库，其中较为著名的布鲁塞尔紧急灾难数据库，收录了自1900年至今每项自然灾害事故的发生情况、受影响人口与经济情况，为各国防灾减灾行动提供了重要的技术支持。与此同时，各国政府、商业机构、环境组织及保险人也积极投入对自然灾害基础规律的考察中去。

在美国、日本、澳大利亚等国，社区参与都是提升民众防灾、自救、互救意识和能力的重要渠道。

在联合国的促进下，各国逐渐将防灾减灾任务纳入国家发展的战略目标体系、进行相关的立法和组织建设，并建立了包括机制设计、资金保障与技术支持等在内的多层次内容的防灾减灾体系。各国的防灾减灾机制基本由预测预警、灾害准备与应急响应、灾后恢复与重建等战略计划构成。

例如，澳大利亚联邦政府与各级政府机构相互合作实施自然灾害风险的各类防控项目，构建以风险主体与管理措施分类为基础的、更加安全、更具可持续性的社区组织架构；自然灾害防控体系努力从灾后救济与恢复向成本节约型的事前防灾减灾计划转化等。

在制度和机制建设外，资金保障是自然灾害防控体系运行的关键环节。根据联合国国际减灾战略（United Nations International Strategy for Disaster Reduction，UNISDR）报告，国际减灾 10 年间，美国、日本分别在减灾方面投资 1000 多亿美元和 1300 多亿美元，资金的大部分用于城市公共基础设施建设、房屋改造和加固，以及与防灾减灾相关的科技研发。

金融危机之后，各国面临更严峻的财政约束，但从全球来看，与防灾减灾相关的基础设施建设的投入并不会因此减少。长期、可持续性的资源管理才能从根本上实现防灾减灾的目的，以上资金支持必然会对全球防灾减灾水平的提高产生积极影响。

一次又一次的地震灾难，使日本人逐渐形成了防震抗灾的意识和观念，特别是他们将科技手段运用其中，以保护生命和财产尽可能不受或少受震灾的伤害和损毁。他们十分注重和强调"用最先进的科学技术来抵御自然灾害"，将技术因素作为防震减灾基础。早在一个多世纪以前他们就建立了地震观测网，同时为了找出防震的最佳方法，日本建造了世界上最大的震动平台，利用实体建筑试验，找出建筑物最佳的抗震结构设计。为了确保防震措施和技术的科学化和专业化，日本还设有专门的防震设备研究机构和生产厂家，为防震减灾基础事业打下了坚实的后盾。同时，在日本无论是成人还是孩童，都要接受经常性的防灾训练，他们将这种训练纳入日常的工作和学习当中，内容既包括地震相关的知识，还包括在灾害发生后应该怎样正确行动。在这种经常性和专业化的教育下，日本民众对地震灾害的"耐受度"不断增强，在震害发生时，有效地减轻了灾害的损失程度。

1.4 应急管理

1.4.1 突发事件及其基本特征

突发事件的概念最初是由医学领域的专家提出的，它被定义为十分重要、需要尽快制定对策并解决的一种情况。18世纪到19世纪末，这一概念逐渐发展到管理学等多个领域，用于描述政府及其他组织所要面对的一种非常态、非一般的紧急情况。现代学者一般认为，突发事件是指突然发生，造成或者可能造成严重社会危害，需要采取应急处置措施予以应对的自然灾害、事故灾难、公共卫生和社会安全事件。

2007年11月1日施行的《中华人民共和国突发事件应对法》，把突发事件定义为："突然发生，造成或可能造成严重社会危害，需要采取应急处置措施予以应对的自然灾害、事故灾害、公共卫生事件和社会安全事件。"

它包括各类自然灾害、公共卫生事件、群体性事件、重大事故等。从级别上，按照社会危害程度、影响范围等因素，一般分为4级：Ⅳ（一般）、Ⅲ（较大）、Ⅱ（重大）、Ⅰ（特别重大），依次用蓝色、黄色、橙色和红色表示。

一般来说，突发事件有以下基本特征。

①突发性。事件发生的时间、地点和方式具有不确定性，事件的性质具有很大的变异性。

②复杂性。突发事件可能由各种社会矛盾引发，也可能由多种自然和环境

因素变化造成，还可能由技术、设备、人为等因素造成，或由多种因素综合造成，或由一般事件转化而成。

③危害性。突发事件如果得不到及时有效处置，往往会造成比较严重的损失和较大的影响范围，带来人员伤亡和社会财富的重大损失。

④不确定性。事件演变具有不确定性，无法用常规决策和措施应对。

随着科学技术的不断发展，人们认识自然、改造自然、战胜自然的能力将逐渐提高，因自然因素引发的突发事件将逐步减少。但随着社会政治、经济的发展，由政治因素和经济利益引发的突发事件将有所增加，造成的损失将更加严重。此外，利用高新技术进行高智能犯罪的可能性增加，新类型突发事件发生的可能性加大。这些特征都给应急管理工作带来很大挑战。

1.4.2 应急管理概述

应急管理由应急、管理两个概念构成，属于公共管理理论的一种新兴学科。

应急管理是指为了有效应对突发事件，维护国家社会安全、保障人民群众的生命和财产安全，由政府或相关部门机构组织实施的一系列活动总称，主要包括应急准备、应急响应、应急保障和善后恢复等环节。

20世纪80年代，西方学者指出应急管理的具体流程包括4个基本环节：即缩减（Reduction）、预备（Readiness）、反应（Response）与恢复（Recovery），简称为"4R"流程。在上述环节中，缩减环节是最核心、最关键的环节，其目的在于尽可能降低风险事件的发生概率，或者尽可能降低其不利影响。

联合国国际减灾战略（UNISDR）（2017）提出：应急管理是对资源与责任的管理，是对突发事件各方面，尤其是减灾备灾、预警响应及早期恢复阶段，根据危险的具体特征与内容确定相应的针对性行动，实现最佳控制效果。

进入21世纪，全球重大突发事件发生的频率和危害性显著增加，对国际社会产生了严重影响。"9·11"恐怖袭击事件后，许多国家认识到，原有的防灾行政体系已不适应新型危机的各种挑战。为此，各国政府纷纷采取行动，着手提高应急管理的能力。

对于应急管理工作，国外基本都由政府首脑担任最高领导，成立国家层面的管理机构并进行统一协调管理。例如，美国应急管理体制以总统为核心，以国土安全部为决策中枢；俄罗斯和日本由总统和内阁首相作为应急管理的最高指挥官。由国家最高领导统一领导应急管理工作，能较好地树立权威、调动资源并妥善处置。此外，美国、日本、俄罗斯等国均设立了中枢机构，采取纵横结合的网络式应急管理模式，注重地方管理体制系统与中央管理体制系统的对接，提升了紧急状态时的社会整体联动能力。

西方发达国家注重将灾害事件的预防与应急准备、监测与预警、应急处置与救援、事后恢复与重建等职责统一起来，真正实现了事件预防、应对和恢复的综合性和全方位性。同时加强关口前移，强调风险管理的重要性，从以事件管理为主，向事件管理与风险管理并重转变，从更基础的层面，避免或减少威胁国家和公众的事件发生。

经过长期的发展和完善，发达国家持续加强应对突发事件的制度和法规建设，遵循流程管理思想，形成了包含监测预警、信息报告、应急处置、反馈评估、协调联络和社会动员等在内的制度体系。同时，加强制度的程序化运作，避免了负责人之间的推诿扯皮，在抢救生命、减少损失、消除恐慌和恢复秩序等方面具有重要作用。

1.4.3 我国应急管理的发展历程

中华人民共和国成立 70 多年来，我国应急管理工作不断朝着科学合理规范的方向发展。很多学者认为，我国应急管理的发展历程可大体分为 3 个时期。

（1）1949—2003 年：单灾种管理时期

这一时期，对灾害的管理以由各政府部门组成以议事协调机制为主，呈现出小规模灾害的应对以地方政府为主，存在部门分割、权责独立。事件发生后成立应急管理协调机构，应急管理有鲜明的时代特色，简朴稳定、纪律性强等特点。

（2）2003—2018 年：以"一案三制"为核心

从 2003 年"非典"事件开始至 2018 年决定国家成立应急管理部，应急管理呈现出了全新的特点。

汲取 2003 年"非典"事件的经验教训，国家着手在应急管理预案、应急管理体制、应急管理机制、应急管理法制（概括为"一案三制"）及应急管理的目标定位、组织架构、功能职责、技术手段和管理模式上做出了全面改革。《国家突发公共事件总体应急预案》《中华人民共和国突发事件应对法》等法律法规相继出台，标志着全新的应急管理框架体系的基本形成。

2008 年"5·12"汶川地震发生后，面对日益严峻的公共安全形势，越来越多的有识之士认识到，必须从国家层面提高应对突发事件的应急准备能力和处置能力，努力向建立全灾种、全流程、全方位的现代应急管理模式发展。并逐步形成了以《中华人民共和国突发事件应对法》为中心、各单项法律法规相配套的应急法制体系，以国家应急预案为元预案，各地方政府、企事业单位、社会组织预案为子预案的应急预案体系，以及以预防与准备、监测与预警、处置与救援、恢复与重建机制为内容的应急管理机制。

（3）2018 年至今：中国特色应急管理体制

为防范化解重特大安全风险，健全公共安全体系，整合优化应急力量和资源，推动形成统一指挥、专常兼备、反应灵敏、上下联动、平战结合的中国特色应急管理体制，2018 年 3 月 17 日，国务院机构改革，把原先分散在国土、水利、公安、民政、安监、地震、国家减灾委、各种救灾指挥部等部门的应急职能集中整合，组建应急管理部，作为国务院组成部门。经机构改革，重新定义了党政军在应急管理中的关系、优化了政企社在应急管理中的关系、调整了中央和地方在应急管理中的关系、整合了政府部门之间的关系，更加强化了综合应急响应。

1.4.4 应急管理中的"一案三制"

在我国经济社会发展的漫长过程中，应急管理一直停留在突发事件事中事后的应对上，真正意义上的应急管理是进入 21 世纪后围绕"一案三制"建设展开的。"一案"是国家突发公共事件应急预案，"三制"是应急管理体制、机制和法制。

应急预案指面对突发事件如自然灾害、重特大事故、环境公害及人为破坏的应急管理、指挥、救援计划等，是应急管理的重要基础，是中国应急管理体系建设的首要任务。根据责任主体的职责范围，应急预案体系包括总体应急预案、专项应急预案、部门应急预案、地方应急预案、企事业单位应急预案等。经过几年的努力，全国已制定的各级各类应急预案，涵盖了各类突发公共事件，一个"纵向到底、横向到边"的应急预案体系已基本建立，为我国应对和处置突发公共事件发挥了极为重要的基础性作用。

应急管理体制，是行政管理体制的重要组成部分，通常指突发公共事件应急管理机构的组织形式，即综合性应急管理机构、各专项应急管理机构，以及各地区、各部门应急管理机构各自的法律地位、职责分工、相互间的权力分配关系及其组织形式等。我国已建立以统一领导、综合协调、分类管理、分级负责、属地管理为主的应急管理体制。

应急管理机制，是指突发事件全过程中各种制度化、程序化的应急管理方法与措施，包括建立健全监测预警机制、应急信息报告机制、应急决策和协调机制等。近十几年来，我国努力构建统一指挥、反应灵敏、协调有序、运转高效的应急管理机制，初步建立了事前、事中、事后的相关应急机制，实现了从突发事件预防、处置到善后的全过程规范化流程管理。

应急管理法制，是指在深入总结群众实践经验的基础上，制定各级各类应急预案，形成应急管理体制机制，并且最终上升为一系列的法律、法规和规章，使突发事件应对工作基本上做到有章可循、有法可依。建立健全应急法制，是依法治国的基本要求、是有效化解突发事件的重要保证、是保障公民权利的基础。

"一案"和"三制"是一个有机结合的整体。如果把中国的应急管理体系比作一架直升机，那么，"一案"可以看作直升机的机体，"三制"就是直升机的前、后机翼和螺旋桨。也就是说，体制是直升机的前机翼，起平稳飞行作用；机制是直升机的后机翼，起平衡、协调作用；法制是直升机的螺旋桨，是飞行的动力。

"一案"和"三制"相互依存，协调发展，确保直升机的飞行安全，也就是发挥应急救援作用，顺利完成各项任务。

1.4.5　应急响应和应急处置

应急响应（Emergency Response）是指组织为了应对突发公共安全事件的发生所做的准备及在事件发生后所采取的措施。应急处置是指应急管理者在时间、资源的约束条件下，控制突发事件的后果。即突发事件发生后，要尽可能详细地掌握事件情况，迅速按照应急预案的要求，采取有效救援措施，防止突发事件扩大、升级。

突发公共事件主要分自然灾害、事故灾难、公共卫生事件、社会安全事件等 4 类；按照社会危害程度、影响范围等因素，一般分为 4 级：Ⅳ（一般）、Ⅲ（较大）、Ⅱ（重大）、Ⅰ（特别重大），依次用蓝色、黄色、橙色和红色表示。

应急管理工作大致可分为事先预防准备、事发预警响应、事中处置救援和事后恢复重建 4 个阶段或环节。

突发事件应急管理过程的不同阶段是相互衔接的。其中，预防属于常态化的工作，即在不发生突发事件的情况下也要经常开展的工作，这是做好应急管理后 3 个阶段工作的基础。只有常备不懈，做好平时的预防工作，一旦发生突发事件，才能心中有数，有备无患。特别是对于某些可预测性强和累积型自然灾害，做好了预防工作，可以实现减灾或应急处置工作的事半功倍。

对于难以预测的突发事件，在平时做好预防工作的同时，在出现事件即将发生的征兆时，要在准确判断的基础上，及时发出预警信息，并进行先期处置。在这个阶段，正确判断事件性质和分析风险大小是关键。错误的判断和分析，轻则造成应急资源的浪费，重则人为制造灾害或事故。

一旦发生突发事件，就要立即按照应急预案开展应急响应和处置，这是整个应急管理工作的核心与主体。关键是行动要迅速和有序，同时还要审时度势，根据事态的发展和演变，对预警信号和响应行动分别采取升级或降级处理，直到事态恢复平静，才能宣布应急结束。

应急处置与救援的目的是防止和控制突发事件或灾害的发展和扩大，减少损失和人员伤亡，促使社会经济活动恢复正常状态。必须坚持"先避险，后抢险；先救人，再救物；先救灾，再恢复"的原则。应急处置与救援行动要求迅速、准确、有序、高效。

突发事件结束后还有一系列工作要做，包括善后处理、调查评估、恢复重建、总结改进等。虽然事件的事态已经不那么紧急，但决不可松懈。搞得不好，突发事件或灾害的负面效应还会发展，或发生次生灾害和衍生灾害。灾害或突发事件是坏事，造成了社会、经济或生态的损失，但如善后与总结工作做得好，也能积累经验，为今后避免或减少类似事件的发生从而减少灾害损失奠定良好的基础。

1.4.6　应急备灾

应急管理要贯穿"预防为主"方针。在预防与应急准备阶段，要注意在日常工作中采取措施，着力降低社会应对突发事件的脆弱性，要为应对突发事件做好充分准备。

日常状况下充分的准备，有利于在突发事件或灾害发生后保护公众的生命和财产，有利于社会迅速地恢复到正常状态。

事先为避免和减轻突发事件或灾害所产生的影响与损失，所采取的措施及行动，通常称为应急备灾。这些措施及行动分为两类：工程性的和非工程性的。应急备灾措施及行动的核心是事先必须制定周密、详尽、具体的应急预案，确定具有可操作性的程序，做好灾前的风险管理和风险分析，对危险源与危险区域的调查和隐患排查登记，全社会防灾减灾、预防与备灾意识的提升和应急知识普及教育的推进，规划和建设应急避险场所，建立应急救援队伍并建立培训与演练机制，储备充足的应急物资，发展应急保障系统等。

突发事件或灾害预防及应急备灾，属于应对突发事件或灾害的第一阶段，在这一阶段，要知道突发事件或灾害发生后应当做什么；知道如何去做；知道装备适当的工具，采取科学的方法，有效率地去准备和行动。

在应急备灾中，最容易忽视的一个问题是防灾减灾宣传教育，公共安全教育必须从娃娃和学生抓起，必须坚持日常化与制度化，需要持之以恒、持续不懈，进而把公共安全意识转化为整个社会的一种素质。公共安全教育虽然是一项"软措施"，但能在面临突发事件与灾害时科学应对，减少损失发挥巨大作用，甚至挽救生命。

对应急预案的演练和完善也非常容易被忽视。要使应急预案真正成为各级政府应对突发事件与灾害的有力武器与工具，一定要针对本地可能发生的突发事件与灾害，按预案有计划地进行应急演练，再通过实际演练发现问题，纠正不足，查缺补漏，完善应急预案，不断提高各级领导、管理者和救援队伍的指挥水平和专业技能。

应急物资是为应对各种突发公共事件应急全过程中所必需的物资保障，应按照"平急结合、常备不懈、严格管理、调度及时、满足急需"的总要求，进行储备，实行分区、分类管理，确保物资出库快速、准确、安全。定期对救灾物资进行清查盘点，进行必要的补充和更新。以"查、控、防"为切入点，督促救灾物资安全检查，排查消除事故隐患，增强安全防控能力。

做好城市规划和灾害防御，也是不能忽视的一个关键问题。例如，发生地震时，主要是建筑物倒塌、诱发其他灾害致人死伤。因此，在城市发展规划及建造住房时，一定要努力避开灾害潜在地带，或者及早采取措施，以减轻或避免灾害。

1.5 科普宣传

1.5.1 提高公众的安全意识是减轻灾害损失的有效手段

我国防灾减灾工作的方针是："预防为主，防御与救助相结合的方针。"预防为主，就是要把灾害事件发生之后一时的、被动的、消极的救灾活动，转变为灾害事件发生之前长期的、主动的、积极的、全社会参与的防御行为。而灾害事件发生之前长期的、主动的、积极的、全社会参与的防御行为的养成，则是依靠公众的防灾减灾意识的形成和提高，这就需要大量的、深入的、持久的、广泛的防灾减灾的宣传和防灾减灾知识的普及教育。"宁可千日无灾，不可一日不防"，强调的就是这个道理。

正如"国际减轻自然灾害十年计划"中所强调的：教育是减轻灾害计划的中心，知识是减轻灾害成败的关键。第 42 届联合国大会第 169 号决议指出，认识到减轻自然灾害的影响和危害，对全人类特别是对发展中国家有重要意义，通过国家、地区和世界性的计划，采取协调一致的努力来汇集、推广和应用这些知识，便可以在减轻自然灾害的损失方面，收到非常积极的效果。

在防灾教育方面，日本等很多国家的经验值得推广。

日本是多地震的国家，各种防灾救灾宣传材料应有尽有，并渗透到了人们的日常生活当中。从幼儿园到高中有难易程度不同的防灾课外读物；防灾图册总是位于畅销书榜单前几名。防灾救灾宣传材料从海报、展板、招贴画到学生课外读物、家庭指导手册，各式日历、故事书、图文集、小插页，渗透到人们的日常生活。再加上广播、电视、各类实际演习等各种形式，使日本国民通过多种渠道轻松地获取灾害救助知识和信息。

日本的防灾教育几乎是终身的，在很大程度上可以说"没有死角"，学校、企业、政府机关等一般都要求有应对地震的自救教育与训练，而且以制度形式确定下来。即使居家生活，日本人也已经通过教育养成了一些非常良好的防震减灾习惯，家里的高柜子都会安装固定装置，书柜和衣柜一般在顶端都有将其固定在墙上的设施，绝对不在床头放重的东西……正是因为有了这些好的习惯，日本人在应对大地震的时候才能表现出普遍的冷静和秩序井然。

"5·12"汶川地震也再次凸显了防灾减灾科普宣传的重要作用。例如，当时四川省 6 个重灾市州建成 10 所省级和 82 所市县级示范学校，并经常开展疏散演练，把防震减灾知识宣传教育作为必修课程。与其他学校相比，这些学校在这次震灾中应急措施得力、处置得当，除 1 所学校外，基本达到零死亡，取得了明显的减灾实效。

防震减灾宣传工作对社会、对国家、对家庭、对个人都具有十分重要的意义。

开展防灾教育能提高人们应对灾害的能力和技能，有效预防和减少各种人为灾害、衍生灾害的发生，同时能切实提高人们的灾害意识及防灾素养，形成正确的灾害理念，有利于在社会上普及以防灾减灾为目的的灾害文化。

随着经济的迅速发展和社会财富的快速增长，现在发生的同等强度的自然灾害所造成的损失，将是十几年前的数倍或几十倍。国内外的经验都说明，在日常的防灾减灾宣传中加强常识性知识的普及，提高公众的安全意识，是实现从注重灾后救助向注重灾前预防转变的关键环节，可以取得更大的经济效益和社会效益。

1.5.2　防灾减灾科普宣传是一项长期的艰苦工作

2008 年"5·12"汶川地震发生后，随着"全国防灾减灾日"的确立，全社会愈加关注地震和防灾，对地震和地震灾害科学知识的需求更加迫切，参与减灾活动更加主动，全社会兴起了一股减灾科普热，社会的热切需求，极大地推动了防灾减灾科普宣传教育工作发展，宣传工作取得了一定成效，但整体上依然不能满足广大社会公众对防震减灾宣传产品的需求。

长期以来，我国的防灾减灾宣传教育工作基本局限在地震、气象等部门主导开展，没有作为整个防灾教育中的重要组成部分纳入国民教育体系之中，宣教还是以传统传播方式为主，宣传覆盖的民众有限，很难真正深入防灾知识相对薄弱的偏僻乡村和基层学校。

近年来，防灾减灾科普知识的宣传教育工作得到了越来越多的关注。随着《中华人民共和国科学技术普及法》和《国家中长期科学和技术发展规划纲要（2006—2020 年）》的出台实施，通过科普工作提高国民科学素质作为基本目标得到广泛认同。

在新时代，加强防灾减灾科普是实施国家创新驱动发展战略的必然要求，是保障人民美好生活、建设美丽中国的现实需求，也是新技术的快速发展给科普宣传工作带来的新挑战。

实践证明，传统的宣传方式越来越不适应时代的发展。如何准确把握防灾减灾科普工作的新需求，创新科普手段，拓展科普内涵，提升科普效益，是必须认真思考和下大力气解决的问题。

随着信息技术的不断发展，BBS、门户网站、QQ、博客、微博客等原生新媒体形式不断涌现，极大地推动了新媒体的向前发展，使新媒体的独特优势突显出来，传统的单向传播模式被突破，信息传播方式发生了深刻变革，新的社会舆论与传播机制正式形成。充分利用新媒体的方式进行防灾减灾科普宣传，已经成为时代的必然选择。新媒体是最新科普方式的代表，各种微视频、短动画的出现极大地创新了科普方式并且提高了科普效率。

越来越多的学者认识到，科普信息化建设是实现我国公民科学素质跨越提升、服务创新驱动发展的必然支撑手段和重要组成部分。

互联网理念是科普信息化建设的逻辑起点。借助互联网平台，不少部门已经开始"互联网＋科普"行动和科普信息化建设方面的尝试。"互联网＋科普"具有立体化、时效性、参与互动性等特点，利用大数据分析科普需求，能够获取更加全面的信息，在宣传品的制作和投放方面，也更加有的放矢。以防灾减灾科普信息化建设为核心，全面创新科普宣传理念、内容创作、表达方式、传播方式、运行机制、服务模式、业务平台。运用新技术完善防灾宣传科普业务系统，实现科普信息的快速汇集、数据深度挖掘、服务即时获取、用户精准推送。

提高全民防灾减灾意识和能力是一项长期的艰苦工作，除在宣传方式和在内容方面要不断创新之外，还需要建立防灾减灾科普知识宣传的长效机制，只有这样，才能不断增强广大民众应对突发灾害事件的综合素质，真正取得防灾减灾的实效。

1.5.3 加强舆论引导，有效利用媒体应对突发事件

公共危机发生之后，如果相关的重要信息不能及时充分地发布，便会使不良舆论有滋生的土壤和传播的空间，从而加大公共危机的破坏性。在网络媒体高度发达的时代大背景之下，舆论的传播速度、广度几乎没有时间和空间的制约，公众几乎可以在事件发生的同时就能获取一定的信息。一旦发生公共危机事件，便会第一时间成为社会舆论的焦点，不良舆论迅速扩散，不但不利于公共危机的快速解决，还容易造成二次危机，恶化公共危机的影响。

例如，2003 年"非典"暴发的初期，媒体对"非典"病毒感染的现状、人员救治情况及"非典"病毒的防治等都避而不谈，导致公众的情绪和态度以"传闻"的形式传播开来，使公众陷入可能感染病毒的恐慌中，从而影响了正常的社会秩序。

政府部门和主流媒体，及时坚持权威性、全面性、及时性和客观性的原则，进行科学的舆论引导，可以有效地安抚公众情绪，消除疑虑，增强信心；同时公众情绪通过媒体的报道得以宣泄，公众意见得以表达。及时有效的舆论引导，可以从传播的角度，将公共危机事件的损害降到最低。

为了有效利用主流媒体应对突发事件，可参考以下建议。

（1）选择灵活有效的引导策略

突发事件可分为自然灾害、公共卫生事件等很多类，每种突发事件的特点不同，相应的引导策略也要有所区别。利用媒体应对突发事件，也要坚持原则性和灵活性并重。同时突发事件发展期也不同，选择相应的引导策略，才能取得预期效果。

就自然灾害而言，在突发事件发生初期，进行舆论引导时可考虑重点发布突发事件的基本信息、相关背景知识和预防措施、政府应对突发事件采取的主要措施等。使公众尤其是突发事件的当事者知道政府和社会现在正在采取的努力，给公众以信心和希望，让公众信任政府，积极配合政府来战胜危机。

在突发事件的持续期，公众对危机控制、交通和通信恢复、志愿者、次生

灾害、医疗救助、灾民安置、救灾物资发放、社会和国际救援等一系列相关信息都比较关注。在这一时期，舆论引导的主要职能就是严把舆论导向的关口，要针对不同受众群体的信息需求提供更多的深度背景信息，满足不同公众的信息需求；科学解读政府应对突发事件所做出的各种决策和行动；接受来自受众的反馈信息并及时澄清各类谣言。

灾害发生后，在对灾害事件中的经验和教训进行总结的同时，舆论引导要体现人文关怀，积极营造真善美的主流舆论场。

（2）坚持正确导向，以正面报道为主

在舆论引导时要客观均衡，树立大局或者说是全局意识，把突发事件放到社会整体中考虑，有针对性地提供准确的信息和事件背景，引导受众依据客观全面的信息分析思考，对事件形势做出基本准确的判断。对突发事件进行报道评论时，要充分考虑事件的敏感性、复杂性，准确预测发布的信息将会在社会中产生的影响。

突发事件的舆论引导首要任务就是稳定民心，尽快把政府的决策部署和人民的意愿心声统一起来，团结一致，战胜危机。因此，在突发事件的舆论引导中要坚持"团结、稳定、鼓劲"的基本点，以正面报道为主，不断巩固壮大主流舆论场。同时要把握好报道的"时"和"度"，充分反映当代社会的主流和光明面，理性解读发展中存在的矛盾和问题，有效疏导公众情绪，激发公众战胜困难的勇气和必胜的信念。让更多的正面报道帮助公众划清是非界限，澄清模糊认识，在舆论引导中凝聚社会共识，展现美好前景。

（3）及时、准确地发布信息，抢占舆论引导先机

对突发事件的报道和评论必须及时、客观。在突发事件发生之初，由于缺乏准确的信息，人们对事态的判断总会很迷茫，这时是人们对信息需求最强烈的时候。如果此时不能及时、准确地向公众传递信息，抢占舆论引导先机，流言就会在社会上广泛传播并蔓延，抢先进入公众的头脑，再想改变公众的认识和态度就非常困难了。

（4）搭建舆论平台，引导社会讨论

突发事件发生后，由于冲突各方意见会出现相互碰撞，公众参与社会讨论的积极性也会被激发出来。这时把因事件产生的问题交由群众讨论，让群众在讨论中逐步去除偏见，鉴别是非，形成基本统一的认识。通过引导网民自由讨论，可以达到引导舆论的效果。

（5）运用网络话语，迎合公众的接受习惯

运用网络话语，采用公众喜闻乐见的形式，是保证舆论引导工作具有感染性、影响力的重要方式。同样的内容，以不同的话语风格表达出来，其效果是不同的。语言古板生硬，不可能起到好的话语效果。因此，在网上舆论宣传引导的过程中，要熟悉网络社会的语言习惯，尊重公众的语言形式，适应网络社会的语言特点，学会使用约定俗成的网络语言，善于将抽象的观点转化为通俗易懂的语言，从文件性、专业性的语言向日常性、生活性的语言转变。舆论宣传只有善于运用大众化的语言，才能更好地符合公众的阅读、理解和接受习惯，才能用公众熟悉的话语回答公众的问题，消除与大众语言表达方面的陌生感和隔阂感，增强舆论引导的亲和力、感染力和说服力。

2 常见的主要自然灾害

2.1 自然灾害概述

2.1.1 自然灾害的类型和特点

灾害是由自然因素、人为因素或二者兼有的原因所引发的对人类生命、财产和人类生存发展环境造成破坏的现象或过程。灾害不是单纯的自然现象或社会现象，而是自然与社会因素共同作用的结果，是自然系统与人类物质文化系统相互作用的产物。

纵观人类的历史可以看出，灾害的发生原因主要有两个：一是自然变异，二是人为影响。通常把以自然变异为主因的灾害称为自然灾害。

自然灾害是指给人类生存带来危害或损害人类生活环境的自然现象，包括干旱、高温、低温、寒潮、洪涝、山洪、台风、龙卷风、地震、海啸、滑坡、泥石流等。按成因和特点，自然灾害可分为4种类型：气象灾害（干旱、洪涝、热带气旋等）、地质灾害（地震、滑坡、泥石流等）、海洋灾害（风暴潮、海啸、赤潮等）、生物灾害（病害、虫害、草害、鼠害等）。

一般来说，自然灾害有以下特点。

（1）自然灾害具有广泛性与区域性

自然灾害的分布范围很广。不管是海洋还是陆地、平原还是山区、城市还是农村，只要有人类活动，就有可能发生自然灾害。

另外，自然地理环境的区域性又决定了自然灾害的区域性。例如，喜马拉雅山、环太平洋多火山、地震，东南亚多台风、海啸，亚洲内陆多干旱等。

（2）自然灾害具有频繁性与不确定性

全世界每年发生的大大小小的自然灾害非常多。近几十年来，自然灾害的发生次数还呈现出增加的趋势。根据联合国减少灾害风险办公室（UNDRR）公布的《2000—2019年灾害造成的人类损失》报告，2000—2019年，全球共发生7348起重大灾害。这一数字远超过了1980—1999年记录的4212起重大自然灾害。急剧增长的主要原因是气候变化导致的灾害增多，包括洪水、干旱和风暴等极端天气事件。

由于自然灾害成因背景复杂，因而自然灾害的发生时间、地点和规模等，都具有不确定性。例如，预测某地地震什么时候发生、震级的大小就非常困难。这在很大程度上增加了人们抵御自然灾害的难度。

（3）自然灾害具有一定的周期性

人们常说的某种自然灾害"十年一遇、百年一遇"，实际上就是对自然灾害周期性的一种通俗描述。暴雨、洪涝、干旱、地震、风暴潮等许多自然灾害，都具有灾害活动强弱交替的重复性变化特征，也就是说，它们的发生都呈现出一定的周期性。

掌握灾害活动周期规律，对于预测灾害发展态势、制定减灾对策和防治规划、部署减灾工程，具有重要意义。

（4）自然灾害具有联系性

自然灾害的联系性，可以表现在区域之间，也可以表现在因果性方面。例如，美国排放的工业废气，常常在加拿大境内形成酸雨；暴雨可以引发洪水，进而可能引起山地滑坡，山地滑坡可以诱发泥石流；地震有可能导致山体滑坡，也可能导致山洪暴发，还可能引发暴雨等多种类型的灾害。

（5）各种自然灾害所造成的危害具有严重性

目前，仅干旱、洪涝两种灾害造成的经济损失，全球每年就可达数百亿美元。

根据联合国减少灾害风险办公室（UNDRR）的报告，2000—2019年，全球 42 亿人受到自然灾害的影响，经济损失约 2.97 万亿美元。其中，2008 年 "5·12" 汶川地震，造成近 9 万人遇难或失踪，直接经济损失超过 8400 亿元。

最后还需要强调的是，只要地球在运动、物质在变化，只要有人类存在，自然灾害就不可能消失。但是，充满智慧的人类，可以通过推动科学和技术的进步，在越来越广阔的范围内进行防灾减灾，最大限度地减轻灾害损失。

2.1.2 我国自然灾害的特点

我国是世界上自然灾害最严重的国家之一，这是一个基本国情。我国自然灾害有以下几方面的特点。

（1）灾害种类多

中国幅员辽阔，地理气候条件复杂，自然灾害种类多且发生频繁，除现代火山活动导致的灾害外，几乎所有的自然灾害，如水灾、旱灾、地震、台风、风雹、雪灾、山体滑坡、泥石流、病虫害、森林火灾等，每年都有发生。

中国的自然灾害中，最主要的是气象、气候灾害，其次是地质地貌灾害。其中以洪涝、干旱和地震的危害最大。

（2）分布地域广

中国各省（自治区、直辖市）均不同程度受到自然灾害影响，70%以上的城市、50%以上的人口分布在气象、地震、地质、海洋等自然灾害严重的地区。约占国土面积 70% 的山地、高原区域因地质构造复杂，滑坡、泥石流、山体崩塌等地质灾害频繁发生。各省（自治区、直辖市）都发生过 5 级以上的破坏性地震。2/3 以上的国土面积受到洪涝灾害威胁。东部、南部沿海地区及部分内陆省份经常遭受热带气旋侵袭。东北、西北、华北等地区旱灾频发，西南、华南等地区的严重干旱时有发生。

（3）发生频率高

中国受季风气候影响十分强烈，气象灾害频繁，局地性或区域性干旱灾害几乎每年都会出现，东部沿海地区平均每年台风登陆 6～7 次，居同纬度大陆东部首位。每年大小崩塌、滑坡数以百万计，有泥石流沟 1 万多条，现在全国受泥石流威胁的城市有 70 多个。

中国位于欧亚、太平洋及印度洋三大板块交汇地带，新构造运动活跃，地震活动十分频繁，大陆地震占全球陆地破坏性地震的 1/3，是世界上大陆地震最多的国家。从世界范围来看，中国自然灾害发生频率位居前列。

（4）灾害损失大

中国是自然灾害比较严重的国家，每年遭受大量灾害事件并造成巨大的直接经济损失。21 世纪以来，我国平均每年因自然灾害造成的直接经济损失超过 3000 亿元，因自然灾害每年大约有 3 亿人次受灾。自然灾害多发、防灾设施落后、防灾意识不强、灾害治理体制机制不完善等，都是导致我国自然灾害损失惨重的因素。随着经济全球化、城镇化快速发展，社会财富的聚集、人口密度的增加，各种灾害风险相互交织、叠加，如果不能采取积极有效的措施，我国自然灾害损失还可能会继续增大。

（5）空间分布地域性明显

我国幅员辽阔，地理环境具有很强的地域性，不同地区的自然灾害种类差异大、灾害特征不同。例如，多发生在春、秋两季的干旱，主要分开布在西北、黄土高原和华北；多发生在冬春干旱季节的森林火灾，主要分布在东北和西南林区；地震主要分布在西南、西北和华北的活动构造带上；低温冻害和冰雪灾害在青藏高寒区尤为突出；西南伴随着地震、暴雨，容易引起滑坡、崩塌、泥石流和山洪等灾害的发生。

正因为地域性的存在，我国的防灾减灾必须要考虑不同地区的实际情况，分地区管理、分类别管理，而这也是当前我国自然灾害管理体制中的特点之一。

2.1.3 自然灾害对人类的影响

自然灾害是人类生存和发展的巨大障碍。有史以来，自然灾害给人类带来了重大的伤亡和痛苦，生命和财产遭受到巨大损失。

具体来说，自然灾害对人类造成的危害主要表现在以下几个方面。

（1）威胁着人类的生命和健康

人类尽管可以改造大自然，但是大自然的力量是人类无法控制的。如今，大大小小的自然灾害，如地震、旱灾、洪灾等都可以直接或间接地威胁人类的生命。

自然灾害特别是重大或突发性的灾害，可以造成人员大批伤亡。例如，1976 年 7 月 28 日唐山大地震，造成 24.2 万人死亡，16.5 万人重伤。此外，灾害还会对人的心理造成危害，引起压力、焦虑、压抑及其他情绪和知觉问题。

（2）破坏人类的房屋等建筑

房屋建筑是人类耗费大量人力、物力完成的，自然灾害可以轻松地将其毁于一旦，地震、洪灾、台风、冰雹等都可以直接摧毁人类的房屋建筑。

例如，2008 年 "5·12" 汶川地震导致 536 万间房屋倒塌。2021 年 7 月 20 日郑州特大暴雨，造成 5.76 万间房屋倒塌，16.44 万间房屋严重损坏。

（3）破坏工农业生产

自然灾害中常见的和危害严重的是洪灾和干旱，两者都是极端现象，都可能造成粮食严重减产，甚至颗粒不收。

我国是农业大国，对灾害的反应最敏感，损失最重。现在全国每年平均有 6 亿～7 亿亩耕地蒙受水、旱、雹、风、冻、雪、霜等气象灾害的危害，少收粮食 200 亿千克。2021 年 7 月 20 日郑州特大暴雨，造成农作物受灾面积 104.9 万公顷，绝收面积 19.8 万公顷。

地震、洪水、大风、风暴潮、滑坡、泥石流等高强度灾害对工矿企业的危害也不容忽视，可以使整个企业顷刻毁灭，造成巨大损失。例如，1976 年唐山大地震 100 亿元损失中，大部分是工矿企业损失。

（4）破坏道路，直接影响人的出行

洪水洪灾能够冲垮道路、桥梁，不仅直接造成经济损失，而且还会影响人类的出行。

例如，2021 年 11 月 15 日，暴雨袭击了加拿大西部的不列颠哥伦比亚省。在短短 48 小时内，该省部分地区降雨量高达 252 毫米，主要公路路段被冲毁，造成山体滑坡堵塞道路，所有连接温哥华与内地的主要公路都因冲刷路段或滑坡堵塞而关闭；一列 CN 列车在耶鲁城北部一条被冲毁的线路上部分脱轨……

（5）产生次生灾害或流行病

一种灾害可能直接破坏和影响人类的正常生活。例如，洪水来袭对城市整体都会造成影响，包括供水、排水等。以对供水的影响为例，洪水不仅可能影响水源地，也可能影响供水管道，造成停水、供水系统的污染等情况。

虽然灾害本身并不会带来传染病。但是，灾害导致的人口移动（含灾区内的人口移动和灾区内外之间的人口移动）、无计划和过于拥挤的安置点、水源污染、卫生条件差、传播媒介（蝇、蚊、鼠等）繁殖增多、免疫接种率低、治疗中断和不规范医疗措施等现象，改变了传染病原、传播媒介和环境，以及易感人群，会极大地增加传染性疾病流行或暴发的可能性。

2.1.4　自然灾害产生的原因

自然灾害是自然与社会相互作用的产物，它具有自然和社会的双重属性。简单来说，自然灾害发生的根本原因，主要有两个：一是自然变异；二是人为影响。孕育灾害的环境、导致灾害发生的因子和承受灾害的客体等，会影响自然灾害灾情的大小。

具体地说，自然灾害产生的原因主要包括以下 3 个方面。

（1）自然变异

自然灾害发生的原动力并不是来自人类社会，而是来自自然界。任何灾害都是由致灾因子引起的，而自然变异又是首要的致灾因子。例如，天气的异常变化导致暴雨、洪水、风雹、寒潮等气象灾害；海水的异常运动导致风暴潮、海啸等海洋灾害；地壳内能量的急骤释放和岩石、坡体的位移导致地震、火山及岩崩、滑坡、地陷等地质灾害等。地震的发生是地球内部局部区域应力的调整，洪灾的泛滥是降水与蒸发平衡被破坏的事件，也是大气圈调整平衡的一种方式。

甚至许多人为事故，也与一定的自然条件有着直接或者间接的关系：森林火灾多发生在气候干燥的季节，交通事故的多发与雨雪雾天气等都相关。

（2）地理环境

社会所处的地理环境也对灾害的形成有巨大的影响。沿海地区有风暴潮、海啸等灾害，而内陆国家没有海洋灾害。山区才会有泥石流、滑坡之类的灾害，而其他地区则没有。地质断裂带地区往往是地震多发地带。洪水之所以历来就是中华民族的心腹之患，这和中国西高东低的地势特征、大江大河的走向有很大的关系。地理环境不仅决定着自然变异，而且决定着灾害的地区差异。

（3）人为因素

长期以来，人们对灾害的研究往往把精力集中在自然属性上，实际上，随着时代的发展，越来越多的学者认识到，在自然灾害产生的原因和后果方面，人为因素也扮演着非常重要的角色。例如，乱砍滥伐，造成水土流失加剧、河床抬升；围湖造田，使湖泊调蓄能力减弱；不合理水利工程建设等，引发洪涝灾害；破坏植被、工程活动不当等，引发滑坡、泥石流；工农业发达、用水过多、水污染严重，造成水资源缺少，可以引发干旱高温；过度放牧、过度樵采、过度开垦，引起沙尘暴等。

2.1.5　自然灾害管理现状

2008年"5·12"汶川地震以后，我国对自然灾害的管理越来越重视。在危机管理过程中发挥政府的积极作用，在灾害发生时能够对危机进行有效的应对与处理，提高应对自然灾害的科学性与可行性，努力降低危机带来的损失，采取了一系列措施，在多个方面取得了长足的进步，也存在很多不足。我国的自然灾害管理现状简单归纳概括如下。

（1）突发自然灾害应急预案已颁布，但可操作性有待提高

2005年颁布《国家突发公共事件总体应急预案》后，我国将预案体系按照各责任主体分为国家总体、专项、部门、地方和企事业应急预案5个层次。2005年民政部根据我国突发自然灾害的实际情况组织编制了《国家自然灾害救助应急预案》，2011年和2016年两次进行了修订。而后部门、地方政府、企事

业单位应急预案相继出台。

32个省（自治区、直辖市）的突发公共事件应急预案都已完成并颁布。由于我国每个地区的自然灾害发生的情况不同，因此，每个省份都要按照各自省份发生自然灾害的情况制定有效的灾害预案体系。

近年来，我国各级政府的风险防范意识已经有所提高，但从自然灾害发生时相关部门的应急管理中暴露出思想准备不足、应急物资缺乏、应急技术水平低和应对灾害责任不清等诸多问题，说明我国在自然灾害的应急预案建设中仍然存在很多不足之处。例如，有些政府发布的应急预案是一份政府文件，内容上只是对救援的相关法律责任和机构职责做了规定，而很多的核心内容未反映；应急预案的针对性和可操作性差，有些应急预案内容、方案和处理程序烦琐不易懂，职责分工模糊，预案中各级部门和单位衔接性差；应急宣传教育培训缺乏广度和深度；应急预案缺乏演练等。

（2）危机管理体制逐渐完善，具体的职责须进一步明确

近年来，我国政府突发自然灾害危机管理体制应对的危机范围和覆盖面逐渐扩大；应对风险的方式也从被动变为主动，由原来的危机处理变为现在从前期预防到评估危机；突发自然灾害的应急管理部门已组建，自然灾害公共危机管理制度的新体制初步确立，并在实践中不断完善。

我国应急处置明确了统一领导、属地管理、分级负责的原则。但是，具体的职责划分还存在不够清晰和明确的地方。我国突发事件包括自然灾害、事故灾难、公共卫生事件和社会安全事件4类，这些事件的应急管理工作并非都是由应急管理部承担，即使应急管理部自身承担的自然灾害、事故灾难应急工作，也需要明确与相关部门和地方政府各自的职责分工。

（3）应急管理法制建设取得进展，但配套法规尚须完善

突发自然灾害应急法制的建设取得突破性的进步，突发自然灾害应急法制的系统性得以初见成效。2007年颁布的《中华人民共和国突发事件应对法》是我国第一部应对各类突发事件的综合性法律。但是，在法律、法规内容完备性和实操性方面还有改进的空间，在落实和执行方面还存在差距，在完善配套法

规、制度方面还有很多具体工作要做。

（4）政府在灾害救助中能发挥核心作用，但非政府组织参与不足

政府在灾害救助中处于至关重要的地位，起到核心作用，它是唯一能全部承担灾害救助责任和风险代价的主要力量。但是完全由政府承担这一职责会使政府负担太大的压力，而且仅仅依靠政府的力量很难做到灾害救助的高效、快速、协调、灵活。而非政府组织作为重要的社会力量，能够弥补政府的职能缺失，在自然灾害救助中表现出灵活、平等、高效的优势。公民参与自然灾害危机管理能够提高危机管理水平，减少救灾的消耗成本。虽然近年来出台了很多支持引导社会力量参与救灾工作、完善社会力量参与机制等方面的规定，但在激发社会力量参与应急救援积极性方面，还有很大的提升空间。

2.1.6　自然灾害的防治和应对

不同的自然灾害具有不同的特点，但是在防治和应对方面，有一些通用的做法和措施，具体表现在以下 6 个方面。

（1）做好城市综合防灾减灾规划

将防灾、抗灾、救灾和减灾工作纳入国民经济社会发展总体规划之中，在进行城市规划与建设时，重视城市综合防灾减灾规划，研究城市面临巨灾风险考验的体制、机制及政策措施，提高应对各种风险的能力。

将"韧性思维"融入城市规划很有必要。通过脆弱性评估找出城市基础设施网络的薄弱环节，并做出改进。在新建城市规划的前期，全面充分考虑历史气象、水文、气候及地理条件等因素，提升城市建设的科学性和安全性。

（2）不断完善防灾减灾法规制度

《国家综合防灾减灾规划（2016—2020 年）》对完善防灾减灾救灾法律制度提出了明确要求：加强综合立法研究，加快形成以专项法律法规为骨干、相关应急预案和技术标准配套的防灾减灾救灾法律法规标准体系，明确政府、学校、医院、部队、企业、社会组织和公众在防灾减灾救灾工作中的责任和义务。加强自然灾害监测预报预警、灾害防御、应急准备、紧急救援、转移安

置、生活救助、医疗卫生救援、恢复重建等领域的立法工作，统筹推进单一灾种法律法规和地方性法规的制、修订工作，完善自然灾害应急预案体系和标准体系。在短时间内这是一项需要继续不懈推进的工作。

（3）开展风险评估，加强风险监测预警

通过开展自然灾害和事故灾难风险普查，制定各行业风险辨识清单，摸清底数，形成风险清单和电子地图，量化风险分析和评估结果，开展各类重特大突发事件复杂情况下的情景模拟和应对处置，对易破坏点和脆弱区进行改造升级。

要全面排查整治隐患，做好灾害来临前的准备工作。

通过现代信息化手段和网格化监测机制，拓宽信息获取渠道，健全多部门联合监测网络体系，加强和完善灾害监测和预警信息发布渠道的建设，确保紧急情况下各类预警信息发布渠道畅通无阻。

日常要加强对市民的宣教。预警信息发布后，人们接收到预警要有自然的"条件反射"，以确保采取科学有效的响应。

（4）完善应急预案，增加实操性

严格执行应急预案定期更新修订制度，推动编制跨区域跨部门联动应急预案。必须增强应急预案的可操作性，明确规定突发事件事前、事发、事中、事后，谁来做、怎样做、做什么、何时做、用什么资源做。要通过应急演练，不断发现问题，完善预案，增加实操性，从应急动员时的警报通知，到政府有关部门对公众预警与公众撤离的指挥、协调与控制，再到应急公共信息的发布，全流程必须衔接流畅有序。

（5）加强教育，强化公众风险意识

面对自然灾害的严峻挑战，民众的防灾减灾意识亟须提升。因此，要将应急知识和安全教育培训纳入经济社会发展规划、纳入国民教育序列。通过宣传，使广大民众做好应对突发事件的心理准备，在灾害到来时保持沉着冷静，采取科学有效的应对措施；平时做好家庭应急物资储备也显得十分必要，应该做到"宁可备而不用，不可用时无备"；还要积极参加应急演练，真正掌握逃生本领。

（6）发挥社会力量，强化社会组织参与救助

建立完善行业齐全的应急管理专家库，借助专业力量提供应急处置决策咨询和技术支持，组织专业技术力量，加强应对公共安全领域的关键技术研究。

通过政策引导、资金支持、完善服务、宣传表彰等方式，鼓励和支持社会组织、志愿者等参与突发事件救助工作，建立和完善社会捐助的组织发动、款物接收、统计分配、监督公示等各个环节的工作机制。

鼓励和支持专业心理咨询机构和人士为受突发事件影响人群提供心理危机干预服务，帮助其消除受到创伤后的情绪，重建心理平衡和恢复生活自信。

2.2 气象灾害

2.2.1 气象灾害概述

地球内部有地核、地幔、地壳结构，地球外部有水圈、大气圈及磁场。包围地球的空气称为大气。大气为地球生命的繁衍、人类的发展，提供了理想的环境。它的状态和变化，时时处处影响到人类的活动与生存（图 2-1）。

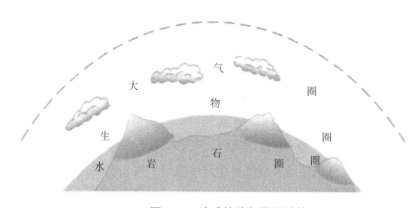

图 2-1 地球的外部圈层结构

天气是指经常不断变化着的大气状态，既是一定时间和空间内的大气状态，也是大气状态在一定时间间隔内的连续变化。所以，可以理解为天气现象和天气过程的统称。天气现象是指在大气中发生的各种自然现象，即某瞬时内大气中各种气象要素（如气温、气压、湿度、风、云、雾、雨、雪、霜、雷、雹、酸雨等）空间分布的综合表现。

大气对人类的生命财产和国民经济建设及国防建设等造成的直接或间接的损害，被称为气象灾害。它是自然灾害中最为频繁而又严重的灾害。

气象灾害，一般包括天气、气候灾害和气象次生、衍生灾害。

天气、气候灾害，是指因台风（热带风暴、强热带风暴）、暴雨（雪）、雷暴、冰雹、大风、沙尘、龙卷风、大（浓）雾、高温、低温、连阴雨、冻雨、霜冻、结（积）冰、寒潮、干旱、干热风、热浪、洪涝、积涝等因素直接造成的灾害。

气象次生、衍生灾害，是指因气象因素引起的山体滑坡、泥石流、风暴潮、森林火灾、酸雨、空气污染等灾害。

从全球及中国气象灾害来看，气象灾害具有以下特征：造成的生命和财产损失十分严重；旱涝等灾害影响时间长；群发性突出、连锁反应显著，常常在同一时间段内出现多种气象灾害；具有明显的区域性特征；发生频率高、季节性强；影响范围大、种类多，易引发次生灾害等。

各国政府普遍意识到防御气象灾害的重要性和迫切性，并投入了大量的人力、物力。

美国是气象灾害频发的国家，飓风、龙卷风、旱灾、洪灾等气象灾害造成的损失年均10亿美元以上。早在1979年，美国政府就设立了总统直接领导的美国联邦紧急事务管理局（FEMA），专事国家灾害管理。一旦突发大的气象灾害，可以调动美国所有人力、物力进行紧急救援。

《美国联邦灾害紧急救援法案》以法律形式定义了气象灾害防御的基本原则、各部门的责任和义务，为防御气象灾害提供了法律保障。

美国政府非常重视气象灾害预警，建立了现代化气象灾害预警体系。通过网络、电视、广播等新闻媒介，实时公布气象灾害信息，指导公众防灾减灾。美国防治气象灾害注重应用先进的技术设备，地球气象卫星、资源卫星的遥感技术早已用于气象灾害监测、预警。

美国还特别重视气象防灾减灾的宣传教育，不惜花费巨资宣传教育网络化，几年前就建立数百个相关网站；要求全社会参与气象防灾减灾活动。

位于南亚的印度，由于印度洋季风气候和其他因素的综合影响，也是世界上气象灾害最严重的国家之一。印度12%的国土易发生水灾；28%的国土容易受旱灾；8%的国土易受暴风侵害，经济和社会发展遭受巨大损失。

印度把气象防灾减灾作为其可持续发展战略的基本组成部分。为了提高气象灾害管理的能力和水平，不断地在完善相应的政策和措施，加强气象防灾减灾国际合作等。印度政府建成了气象预警系统及国家遥感预警系统、干旱预警系统、洪涝预报系统、飓风警报系统等。

气象灾害伴随着人类社会发展的全过程。我们虽然不能完全阻止气象灾害的发生，但是可以逐步掌握其规律，积极进行准备和防御，采取科学有效的应对措施，将灾害的损失降至最低。

2.2.2　我国气象灾害及其特点

中国是世界上受气象灾害影响最严重的国家之一，气象灾害种类多、影响范围广、发生频率高，所造成的损失占自然灾害损失的70%以上。

气象灾害的种类主要有暴雨、雨涝、干旱、干热风、高温（热浪）、热带气旋、冷害、冻害、冻雨、结冰、雪害、雹害、风害、龙卷风、雷电、连阴雨（淫雨）、浓雾、低空风切变和酸雨19种。

影响我国的气象灾害主要是干旱(农业、林业、草原的旱灾，工业、城市、农村缺水)、暴雨(山洪暴发、河水泛滥、城市积水)、热带气旋（狂风、暴雨、洪水）、雹害（毁坏庄稼、破坏房屋）、冷害（由于强降温和气温低造成作物、牲畜、果树受害）和雪灾（暴风雪、积雪）。这6种自然灾害每年都会给我国人民生命和财产安全带来巨大威胁，直接影响着社会和经济的发展。因干旱导致的土地龟裂如图 2-2 所示。

图 2-2　因干旱导致的土地龟裂

　　近年来，全球气候变暖，大气环流异常，极端天气频生。在全球气候变暖的大背景下，我国极端天气气候事件增多、强度增大、损失日益加重。极端天气气候事件的发生，往往会造成大量的人员伤亡和财产损失。

　　2001 年，甘肃省金昌市发生的特大沙尘暴，排山倒海似的沙尘暴一次就夺去了 50 余人的宝贵生命。

　　2007 年 5 月 23 日 16：34，重庆市开县义和镇兴业村小学突遭雷击。共造成 7 名小学生死亡、44 名小学生受伤，其中 5 人重伤。

　　2012 年 7 月 21—22 日，中国大部分地区遭遇暴雨，其中北京及其周边地区遭遇 61 年来最强暴雨及洪涝灾害，造成房屋倒塌 10 660 间，160 万人受灾，79 人死亡，经济损失 116 亿元。

　　2014 年 7 月 18 日，海南遭遇强台风"威马逊"的袭击。受台风影响，广东、广西、海南和云南 154 个县（市、区）1107 万人受灾，56 人死亡，20 人失踪，直接经济损失 384.8 亿元。

　　2021 年 5 月 14 日晚，苏州市吴江区盛泽镇和武汉市蔡甸区参山、武汉经开区军山片区突发龙卷风，并伴有雷雨大风、冰雹等强对流天气。最终两地灾害共造成 12 人死亡。

近年来，我国的气象灾害表现出以下特征。

（1）气象灾害呈多发、重发趋势

我国气象灾害种类繁多，近年来呈现出多发、重发趋势，这也是全球气候变暖背景下气象灾害的基本特征。此外，气象灾害的"灾害链"特征更显著。暴雨会导致洪涝灾害，进而引发地质灾害。对农林牧业、交通运输、设施建筑、人类安全、人类健康等的影响和危害都有越来越严重的趋势。

此外，气象灾害的社会敏感性提高。例如，随着经济的发展，我国汽车保有量不断增加，因此，冬季的雨雪冰冻对城市交通的影响不断加重；洪涝、干旱等气象灾害直接影响农业生产，关系到农产品市场的稳定，会对国家粮食安全造成威胁。

（2）干旱灾害和强对流天气灾害是发生频率最高的气象灾害

从灾害发生频数上来说，气候灾害中的干旱灾害占所有灾害比例的 15%，是所有灾害类型中发生频率最高的灾害。干旱灾害分布广，四季均有发生。仅次于干旱灾害的是强对流天气灾害，包括雷暴、冰雹、热带风暴、龙卷风、大风等。强对流天气灾害发生在全国各地，四季均有可能发生，但夏季发生最多，春秋季次之，冬季最少。

（3）气象灾害具有明显的区域性特征

最为明显的是冻雨仅发生在南方，如贵州、湖南等地。其他灾害在我国南北方均有发生，但发生概率差距明显，如雪灾发生频率较高的地区在北部和长江中下游部分地区，华南雪灾概率最低；低温连阴雨在长江中下游、西南地区发生较其他地区偏多，雾灾在长江中下游地区出现较西北地区显著偏多。我国主要气象灾害分布如表 2-1 所示。

表 2-1 我国主要气象灾害分布

灾害多发区域	灾害类型
东北地区	暴雨、洪涝、低温冻害、干旱等
华北地区	干旱、暴雨和洪涝等
长江中下游地区	暴雨、洪涝、干旱、热带风暴、风暴潮、海啸等
华南地区	暴雨、干旱、低温冻害、冰雹、热带风暴、台风等
西南地区	暴雨、干旱、低温冻害、冰雹、台风等
西北地区	干旱、冰雹等

（4）气象灾害具有明显的季节性特征

各个季节都可能发生气象灾害，但不同季节所发生的灾害类型和频率各不相同。春季以沙尘暴和强对流天气灾害最为突出；夏季以强对流天气、高温热浪灾害最为突出；秋季以强对流天气、雾灾天气灾害、低温冷冻害、雪灾气候灾害较为明显；冬季以雪灾、低温冷冻害和雾灾最为常见。

2.2.3 我国气象防灾减灾工作概况

我国地域面积广阔，涵盖经度纬度跨度较大，是世界上气象灾害高风险地区之一，气象灾害主要表现为种类多、分布广、频率高、损失重。在全球气候变暖背景下，各类自然灾害交织发生、影响叠加，更加剧了防灾减灾救灾工作的复杂性与艰巨性。

长期以来，我国重点防灾减灾侧重点在农村，在城市气象灾害造成损失日益增加的问题凸显后，城市防灾减灾工作近年来开始被不断重视，被列入政府和部门的关注领域和科研领域。

近年来，我国党中央、国务院和地方各级党委政府领导将气象防灾减灾工作提高到了更高的高度予以重视和管理。"强化防灾减灾"和"加强应对气候变化能力建设"被写入党的十七大报告。党的十八大更明确地对气象灾害防御提出要求，强调要"加强防灾减灾体系建设，提高气象、地质、地震灾害防御能力"。党的十九大提出"打造共建共治共享的社会治理格局。加强社会治理制度建设，完善党委领导、政府负责、社会协同、公众参与、法治保障的社会治理体制，提高社会治理社会化、法治化、智能化、专业化水平。提升防灾减灾救灾能力"。

为了提高城市气象灾害风险综合管理能力，自 2013 年起，中国气象局依托中央财政城市专项组织北京、上海、天津等 7 个试点城市连续两年开展了专项建设，在很多方面取得了显著成效。

开展了城市内涝风险普查，研发城市内涝气象风险预警服务系统，开展城市内涝风险预警服务。气象部门与城管、水务部门联合开展内涝风险预警，建立部门间的内涝灾情反馈机制，开发网站、微信、手机客户端等为公众提供城市内涝积水风险提示，面向社区居民开展风险预警直通式服务。

建立完善分区分级分灾种预警业务流程，建立"一键式"预警信息发布平台，实现了预警信息快速全网发布。全国大中城市政府均组建了市气象灾害应急指挥部，形成市、区、街道、社区气象防灾减灾体系。推进城市气象防灾减灾立法、气象灾害应急预案体系建设和气象灾害应急准备制度等方面的气象防灾减灾法制标准建设。

经过多年的努力，我国在城市气象灾害监测预报和预警水平已取得长足进步，气象灾害防御能力随之逐步增强。目前，全国范围基本建成包括广播、电视、报纸、电话、手机短信、网络、电子显示屏、大喇叭、微博、微信新媒体等多种传播手段的气象服务信息发布平台。国家、省、地、县四级相互衔接、上下畅通的预警信息发布体系已基本形成。国家级预警平台已实现 16 个部门 76 类预警信息的实时收集、共享和快速发布，信息覆盖面已基本覆盖农业、林业、水利、交通、电力、环境、能源、旅游、体育等社会多个行业和领域。气象灾害预警发布时效缩短到 5 ～ 8 分钟。

2018 年印发的《中国气象局关于加强气象防灾减灾救灾工作的意见》，明确了气象部门深入落实国家防灾减灾救灾体制改革，做好新时代气象防灾减灾救灾工作的行动纲领。系统规划了"五大体系"的建设重点，包括着力建设立体化全覆盖的监测网络，发展无缝隙智能化的网格预报、基于影响的预报预警；着力完善突发事件预警信息发布系统、健全发布机构；着力提高气象灾害风险防范能力、建立健全相关制度，推动全社会强化气象灾害风险防范意识；着力完善气象防灾减灾救灾统筹协调机制、社会力量和市场参与机制等。

随着经济社会的发展，社会对公共气象服务的需求越来越多，对服务的时限和精准度要求也越来越高。随着气象现代化建设的推进，天气预报准确率得到了明显提高，但是与整个社会防灾减灾需求相比，还存在一定的差距。

2.2.4　常见气象灾害形成的原因

影响我国的气象灾害主要是干旱、暴雨、热带气旋、雹害、冷害和雪灾。下面介绍前4种也是最常见且对我们影响最大的自然灾害形成的主要原因。

（1）干旱灾害形成的原因

长时间无降水或降水偏少等气象条件，是造成干旱与旱灾的主要因素；地形地貌条件也会对造成区域旱灾产生重要影响；旱灾与因水库、水井等水利工程设施不足带来的水源条件差也有很大关系；由于人口持续增长和当地社会经济快速发展，生活和生产用水不断增加，水资源有效利用率低等因素，也能加重干旱灾害。

（2）暴雨灾害形成的原因

总体来说，暴雨频发进而引发内涝灾害主要受气候、地形和人为因素的综合影响。

暴雨形成的过程是相当复杂的。产生暴雨的主要物理条件是源源不断的水汽、强盛而持久的气流上升运动和大气层结构的不稳定。在我国，暴雨的水汽一是来自偏南方向的南海或孟加拉湾；二是来自偏东方向的东海或黄海。大气的运动和流水一样，常产生波动或涡旋。当两股来自不同方向或不同温度、湿度的气流相遇时，就会产生波动或涡旋。在这些有波动的地区，常伴随着气流运行出现上升运动，并产生水平方向的水汽迅速向同一地区集中的现象，形成暴雨中心。

另外，地形对暴雨形成和雨量大小也有影响。例如，由于山脉的存在，在迎风坡迫使气流上升，从而垂直运动加大，暴雨增大；而在山脉背风坡，气流下沉，雨量大大减小。

人为因素对暴雨洪涝灾害的影响表现在多个方面。人类活动导致的城市热岛、雨岛效应等，易导致局地性暴雨频繁发生；人类活动破坏森林植被，引发水土流失，影响截流降水，降低了土壤渗透率；筑堤围湖、围江河湖滩造田等，会导致湖泊的数量减少，河流不畅，蓄洪能力大大下降；人类活动不断破坏生态环境，致使大量泥沙流入河道，抬高河床，流水不畅；防洪设施标准偏低；人们对暴雨灾害的重视和防范不足等，都容易加大灾害的损失。

（3）热带气旋灾害形成的原因

热带气旋是在热带海洋大气中形成的中心温度高、气压低的强烈涡旋的统称。热带气旋灾害的形成主要有3个方面的原因：强风、暴雨和暴潮。

（4）雹害形成的原因

冰雹在对流云中形成，当水汽随气流上升遇冷会凝结成小水滴，若随着高度增加温度继续降低，达到0℃以下时，水滴就会凝结成冰粒，在它上升运动过程中会吸附其周围小冰粒或水滴而长大，直到其重量无法为上升气流所承载时即往下降。

当其降落至较高温度区时，其表面会融解成水，同时亦会吸附周围之小水滴，此时若又遇到强大之上升气流再被抬升，其表面则又凝结成冰，如此反复进行如滚雪球般其体积越来越大，直到它的重量大于气流升力与空气浮力之和，即往下降落，若达地面时未融解成水仍呈固态冰粒者称为冰雹，如融解成水就是我们平常所见的雨。

2.2.5 防治政策和应对措施

科学高效的气象防灾减灾，要强化机制创新。坚持以防为主、防抗救相结合，全面提升综合防灾能力，需要各方齐抓共管、协同配合，更需要全社会的参与和广大民众防灾减灾意识和能力的提升。

（1）加强大气监测

气象监测主要依靠于大气监测系统，气象卫星能够监测地球大气。有必要建立综合性的气象卫星监测系统提高卫星密度和精度，实现全范围的气象监测，让所有的自然灾害都能在监控范围之内，让气象监测更加精准，在提高气象监测能力的同时，提高信息加工和处理能力。

（2）提高气象灾害预警能力

为了减少灾害带来的损失，创新气象灾害预警新方法，根据每种自然灾害的特点研发相应的预警系统，提高气象灾害预警能力。

（3）加强气象灾害的机理研究

只有加强研究，弄清楚气象灾害形成的真正原因，了解其形成过程，才能采取针对性强、科学有效的应对措施。

（4）针对不同灾害采取不同的应对措施

每一种气象灾害的特点都不同，在生活中可以具体问题具体分析，不同的灾害采取不同的防治和应对措施。从政府层面来讲，要从根本上减少自然灾害，还要进一步完善综合气象灾害防御体系；加强气象防灾减灾的法制建设；借鉴国外气象防灾减灾的成熟经验和新技术，加强气象灾害防御科技支撑能力建设；提高气象灾害应急处置能力，建立健全气象灾害应急救援体系；保护生态环境，促进生态环境的可持续发展。

对于个人来说，应该经常学习各种气象灾害的科普知识和应对措施，掌握和提高应对常见突发气象灾害的技能。

为了避免和减少气象灾害的影响，平时要注意收看天气预报，了解气象预警信号分级和应对措施，早做准备。例如，如果预先知道有大风，要下大暴雨或有雷雨，就要尽量减少出门，采取必要的防范应对措施。

2.3 常见的气象灾害——旱涝

2.3.1 旱涝灾害概述

我国是一个自然灾难频发的国家。旱涝灾害是一种自然灾害，在我国古代称为天灾，古代人们主要是"靠天吃饭"，整个古代历史就是一部与自然灾害做斗争的历史。古代的大禹治水就通过人力减少水害，李冰修筑的都江堰也使水害变为水利，最终使水利设施造福于人民。

在自然灾害中，旱涝灾害是最为严重的灾害之一，其中农业受旱涝灾害影响最为严重。水资源是农业生产的基础条件，如果水的供给超过了农作物所必需的量就会出现"涝"；若供给达不到生物生长所必需的水量就是"旱"；情况严重就会出现旱涝灾害。不管是现代还是古代旱涝灾害，对我国农业均造成不可估量的损失。

旱涝灾害是气象灾害的一种。气象灾害是由大气圈物质变化或异常活动引起的自然灾害。旱涝灾害的直接原因是大气环境异常，导致降雨量过多或过少造成的。引起降水异常的直接原因是大气环流异常，但是有旱涝不一定必然产生"旱涝灾害"。如果人类采取了合理的防灾减灾救灾措施，就不会出现灾害或能有效降低灾害的破坏力；反之，如果人类对自然进行过度破坏，就可能增加灾害发生的可能，加剧灾害的破坏力。

人们为了得到耕地，不断地毁林开荒、滥砍滥伐、围湖造田，使原本肥沃的土地失去了保持水土的能力，造成了水土流失，森林减少；在河流上游建立小水电站，对河流上游来水进行人为控制，成为抗旱"拦路虎"。这些人为改变地表的行为，都加剧了旱涝灾害的发生。水资源的浪费、利用率低，水环境的污染及人类疯狂地开发水资源，在客观上加剧了水资源的供需紧张，在很大程度上加剧了旱情。

旱涝灾害的发生，是"天灾"，也可能是"人祸"。随着我国经济的高速发展，生态环境也在进一步恶化。水利设施是应对农业旱涝灾害最为有效的措施之一，我国农村水利基础设施建设标准低，设备设施严重老化，许多设施由于维护不及时，有的已完全毁损，难以正常使用。这些也是农业成灾的重要原因之一。

简单地说，洪涝灾害的防治工作包括两个方面：一方面减少洪涝灾害发生的可能性；另一方面尽可能地使已发生的洪涝灾害的损失降到最低。加强堤防建设、河道整治及水库工程建设是避免洪涝灾害的直接措施，长期持久地推行水土保持可以从根本上减少洪涝发生的机会。

2.3.2 洪涝灾害的严重性

洪涝灾害包括洪水灾害和雨涝灾害两类。其中，由于强降雨、冰雪融化、冰凌、堤坝溃决、风暴潮等原因引起江河湖泊及沿海水量增加、水位上涨而泛滥及山洪暴发所造成的灾害称为洪水灾害；因大雨、暴雨或长期降雨量过于集中而产生大量的积水和径流，排水不及时，致使土地、房屋等渍水、受淹而造成的灾害称为雨涝灾害。由于洪水灾害和雨涝灾害往往同时或连续发生在同一地区，有时难以准确界定，往往统称为洪涝灾害。

在各种自然灾害中，洪水最常见且危害最大。洪水出现频率高，波及范围广，来势凶猛，破坏性极大。洪水不但淹没房屋和人口，造成大量人员伤亡，而且还卷走人们居住地的一切物品，包括粮食，并淹没农田，毁坏农作物，导致粮食大幅减产，从而造成饥荒。

洪水造成死亡的人口占全部因自然灾难死亡人口的 75%，经济损失占到40%。更加严重的是，洪水总是在人口稠密、农业垦殖度高、江河湖泊集中、降雨充沛的地方发生，如北半球暖温带、亚热带。中国、孟加拉国是世界上水灾最频繁肆虐的地方，美国、日本、印度和欧洲也较严重。

在孟加拉国，1944 年发生特大洪水，淹死、饿死 300 万人，震惊世界。连续的暴雨使恒河水位暴涨，将孟加拉国一半以上的国土淹没。孟加拉国一直洪灾不断。1988 年再次发生骇人洪水，淹没 1/3 以上的国土，使 3000 万人无家可归。洪水使这个国家成为全世界最贫穷的国家之一。

洪涝灾害是我国重大气象灾害之一，除沙漠、极端干旱地区和高寒地区外，我国大约 2/3 的国土面积都存在着不同程度和不同类型的洪涝灾害。自古以来洪水给人类带来很多灾难，如黄河和恒河下游常泛滥成灾，造成重大损失。1998 年中国的"世纪洪水"，在中国大地到处肆虐，29 个省（自治区、直辖市）受灾，农田受灾面积 3.18 亿亩，成灾面积 1.96 亿亩，受灾人口 2.23 亿人，死亡 3000 多人，房屋倒塌 497 万间，经济损失达 1666 亿元。

根据国务院新闻办公室新闻发布会信息，2021 年 1—10 月，洪涝灾害共造成 5890 万人次受灾，590 人死亡失踪，351.5 万人次紧急转移安置，20.3 万间房屋倒塌，造成直接经济损失 2406 亿元。

2.3.3　引发洪涝灾害的原因

近年来，每当雨季，各种媒体总会出现山洪暴发、河水泛滥、淹没农田、毁坏道路、影响交通的报道，一些本该正常行驶的车辆泡在没膝深水中的画面，更是令人担忧。人们不得不认真思考：洪涝灾害为何如此频发？形成的原因到底是什么？

简单地说，洪涝灾害的形成，与自然因素和社会因素关系密切。地理位置、气候条件和地形地势等自然条件，是形成洪水灾害的直接原因；人类活动和社会经济条件等人为因素，也是灾害形成的重要原因。

近半个世纪以来，在全球气候变暖的大背景下，"厄尔尼诺"出现概率增大，暴雨发生次数显著增多，短时强降水频繁，加之城市发展迅猛，不渗透水的水泥路面日益增多，雨洪汇流速度增快，洪涝灾害也由此渐多。

具体来说，形成洪涝灾害的主要原因如下。

（1）气候原因

我国处在欧亚大陆的东岸和太平洋的西岸，有明显的季风气候特点，雨量的季节性变化和地域性差异非常明显。降雨较集中在夏季。季风气候显著的地区，常常因水资源时空分布不均匀，造成短时高强度暴雨；受北上台风的影响，也容易形成长时连续降水，在这过程期间极易导致洪涝灾害的发生。

此外，城镇化引发的"热岛效应"和"雨岛效应"也会导致城市突发性短历时强降雨更加频繁、强度更大。

（2）地貌和地质状况

当所处的地域存在低山丘陵区地表起伏、河道断面窄且多弯、沟谷纵横等情况时，就会较容易形成洪涝灾害。此外，地形复杂、地形低注、排水迟缓等情况，也会造成洪涝灾害。

土质和地质情况的影响也不容忽视。例如，当土层质地黏重，通透性差，垂直下渗弱，土壤有机质含量高且蓄水量多时，就很容易形成涝渍灾害。

（3）人类活动情况

人类活动对于生态环境的破坏，也是洪涝灾害多发的常见原因。例如，乱砍滥伐现象突出，植被覆盖率逐年降低，水土流失严重，造成河道淤积；城镇化快速扩张过程中，原有的农田、绿地、水系（池塘、河道、湖泊）等透水、蓄水性强的"天然调蓄池"被占用、填平，被不透水的"硬底化"水泥地面所取代。因此，这些地区也极易造成洪涝灾害。

此外，由于有些防洪除涝工程年久失修，导致防洪及排水标准降低。当河水泛滥，内水受河水顶托时，不能有效及时地排除内水，从而发生洪涝灾害。

2.3.4　洪涝灾害的防治政策和应对措施

由于特殊的地理位置，使中国成为世界上发生洪水灾害次数最多、损失最重、影响最大的国家。在统计资料显示的世界十大洪水灾害中，中国占 40%。随着全球气候不断变暖，极端天气频发，洪水风险损失呈现出日益严重的趋势，如何防治和应对洪涝灾害，是我们必须面对的挑战和一定要解决好的问题。

（1）实施洪水综合管理

1998 年长江大洪水是中国历史上极为罕见的一次洪水灾害。灾难之后，经过广泛调研和认真思考，国家水利和防汛管理部门提出了"由控制洪水向洪水综合管理转变"的防洪方略。主要内容包括：建设与社会经济发展水平相适应的标准适度、结构合理的防洪工程体系；科学引导和管理人的开发和防洪行为；开展洪水资源利用，缓解水资源短缺和水生态恶化的问题。

当然，如果能够再进一步，能够实现由管理洪水向洪水资源化转变，减灾效果会更加明显。

（2）从源头着手

为解决城市暴雨洪涝所带来的灾害，可以考虑从源头开始治理，从造成特大暴雨的原因开始动手，尤其是解决市区河湖由于被侵占而缩窄或淤积，导致蓄泄洪能力降低的问题。

逐步恢复城市原有城市水系，特别是城区内原有的大小湖泊，可逐步根据现有情况恢复，增加水面面积，恢复自然河流循环系统。

优化能源结构，采用慢行低碳的出行方式等，可以有效减少"热岛效应"，从而减小城市降水量的变化，降低极端天气出现的可能性。

（3）提高排水能力

首先要处理好排水系统和河流系统的衔接，建立近自然的雨洪排水系统。人工排水系统追求"快排"，而近自然的雨洪排水系统追求"吸收"，利用滞洪区、绿地、水库、湖泊、湿地等让雨水通过调蓄和下渗，达到减小径流、延缓汇流时间、降低洪峰值的目的。

可以通过修建和改造排水管道管网，建立中间的衔接设施，使过多的雨水能够通畅汇流到河流系统；开展河道的清淤疏浚工作；对城区的河渠、排洪道进行全面治理，设置滞洪区，再通过水库、湖泊、湿地调节径流，通过一节节的分洪、调蓄、渗透，最终将洪涝灾害风险降至最低。

此外，还可以探索建设深层排水隧道。排水隧道能快速、灵活、高效地缓解城市局部洪水和污染问题，且土地受限制小，不占用土地资源，不影响市政管线布局，避免了城市地面或浅层地下空间各种因素的影响，因此，可以考虑作为一种有效的大规模输水措施。

（4）做好暴雨洪涝预报预警

水利、气象、国土资源等部门要做好降水年度趋势预测、暴雨中短期预报预警等相关工作，应用现代化信息技术建立水情自动测报和洪水预警预报系统，做好河道及洪泛区的管理工作等，以便政府部门对预防和应对洪涝灾害工作做出统筹安排。

（5）科学组织救援救助力量

灾害发生后，政府部门应迅速行动、全面部署，领导一线指挥，调动社会各界各方面力量，市、区、街道（乡镇）、社区等各级干部迅速投入应急抢险工作，及时营救受困人员，全力做好受灾群众的疏散安置工作。

广泛利用社会动员机制，通过电视、短信、电台、广播、网络、微信等多种方式，提前对强降雨过程进行广泛宣传，接受群众救助需求，及时处置百姓求助问题，使群众主动配合避险转移，全民积极参与自救互救工作。

（6）加强防洪减灾科普知识宣传

加强推进洪灾应急知识的宣传教育工作，全面提高居民对洪涝灾害的防范意识和防御能力是非常重要的。街道和社区可以采用线上线下相结合的模式，通过微信朋友圈、居民微信群，在单元楼宇门张贴科普宣传材料等方式，向居民进行宣传。

2.3.5　干旱灾害

干旱是全球最常见、最广泛的自然灾害，其发生频率高、持续时间长、影响范围广及对农业生产、生态环境和社会经济发展影响深远。世界气象组织的统计数据表明，气象灾害约占自然灾害的70%，而干旱灾害又占气象灾害的50%左右。每年因干旱造成的全球经济损失平均高达80多亿美元，远超过了其他气象灾害。尤其在全球气候变暖的背景下，全球干旱灾害发生逐渐呈常态化趋势，特大干旱事件发生的频率和强度不断增加，干旱灾害的异常性更加突出，破坏性更加明显。

中国是大陆性气候，气候波动性大，社会经济、农业生产和生态环境对气候条件的依赖性强，是世界上干旱灾害发生最为频繁和严重的国家之一。

20世纪70年代以来，影响中国大部分区域的东亚大气环流系统发生了明显的年代际转折，中国旱涝格局呈现为北方易受旱灾影响、南方旱涝并发的特征，大范围的干旱灾害连年发生，干旱灾害严重威胁着粮食和生态安全，已成为制约社会经济可持续发展的重要因素之一。

干旱气象灾害的形成和发展过程，不仅包含着复杂的动力学过程及多尺度的水分和能量循环机制，而且还涉及气象、农业、水文、生态和社会经济等多个领域，长期以来一直是国际科学界的重大疑难问题，到目前还没有完全解决。

一般认为，造成干旱的原因既与气象等自然因素有关，也与人类活动及应对干旱的能力有关。例如，长时间无降水或降水偏少，水利工程设施不足，人口持续增长和当地社会经济快速发展超出当地水资源的承载能力，不科学的工农业、生活用水习惯等。

干旱的类型比较多，我国比较常见的是气象干旱、农业干旱和水文干旱。

气象干旱是指不正常的干燥天气时期，持续缺水足以影响区域引起严重水文不平衡；农业干旱是指降水量不足的气候变化，对作物产量或牧场产量足以产生不利影响；水文干旱是指在河流、水库、地下水含水层、湖泊和土壤中低于平均含水量的时期。

研究表明，干旱是否造成灾害，受多种因素影响，对农业生产的危害程度则取决于人为措施。目前，人们广泛采取的防止干旱的主要措施包括：重视干旱灾害的监测和预报，提前做好抗旱决策，采取减轻干旱灾害的措施；兴修水利，发展农田灌溉事业；修建山间小水库、蓄水窖、集雨窖等，采取各种措施拦截和蓄存雨水、收集雾水；改进耕作制度，优化作物构成，选育耐旱品种；植树造林，改善区域气候，减少蒸发，降低干旱风的危害；研究应用现代技术和节水措施，如人工降雨、喷滴灌、地膜覆盖、保墒，以及暂时利用质量较差的水源，包括劣质地下水及海水等。

总之，对于干旱灾害，制定正确的防御对策，以防为主、防抗结合，才能避免或减少损失，取得趋利避害的效果。

2.4 地质灾害

2.4.1 地质灾害概述

地质灾害是指在自然或者人为因素的作用下形成的，对人类生命财产造成的损失、对环境造成破坏的地质作用或地质现象。地质灾害在时间和空间上的分布变化规律，既受制于自然环境，又与人类活动有关，往往是人类与自然界相互作用的结果。常见的主要类型有：崩塌、滑坡、泥石流、水土流失、地面塌陷和沉降、地裂缝等。严格地讲，火山、地震其实也属于地质灾害。这几种类型的地质灾害除了相互区别外，常常还具有相互联系、相互转化和不可分割的密切关系。

一般民众在生活中最可能接触的地质灾害主要是滑坡、泥石流和崩塌灾害。

（1）滑坡灾害

滑坡是指斜坡上某一部分岩土在重力（包括岩土本身重力及地下水的动静压力）作用下，沿着一定的软弱结构面（带）产生剪切位移，而整体地向斜坡下方移动的作用和现象。

滑坡不仅造成一定范围内的人员伤亡、财产损失，还会对附近道路交通造成严重威胁。例如，2001 年 5 月 1 日 20：30 左右，重庆市武隆县县城仙女路西段发生山体滑坡，一幢 9 层居民楼被垮塌的岩石掩埋，造成 79 人死亡。

在暴雨季节，有些山体长时间被雨水浸泡，表面山石和泥土松动后，容易产生山体滑坡。也有因滥采滥伐造成的水土流失，或过度开采等人为因素而引起。其中，人类的工程、建筑等活动对自然的破坏，是造成滑坡灾害的因素之一。

例如，在斜坡上堆填加载兴建住宅楼、重型工厂等产生的大量矿渣、土石，使斜坡失去平衡；引、排水工程浸溢漏水，工业废水、农业用水大量渗入坡体，加大孔隙压力，软化土石；开挖坡脚修建铁路、公路，使坡体下部失去支撑；坡地的滥采滥伐及劈山采矿的爆破等，会使山坡水土流失、山体振动破碎，诱发滑坡；不注意坡体的水土保护，滥砍滥伐；不加强水渠、水库的堤坝管理，使水大量浸渗入山坡中等，都可能引发滑坡。

（2）泥石流灾害

泥石流是山区沟谷或斜坡上由暴雨、冰雪消融等引发的含有大量泥沙、石块、巨石的特殊洪流。泥石流常与山洪相伴，其来势凶猛，在很短时间里，大量泥石横冲直撞，冲出沟外，并在沟口堆积起来。

泥石流常常给人类生命财产造成重大危害。其发生往往是突然性的，发生时让人措手不及，出现混乱的局面，盲目地逃生可能导致更大的伤亡。

泥石流最常见的危害之一，是冲进乡村、城镇，摧毁房屋、工厂、企事业单位及其他场所设施。淹没人畜、毁坏土地，甚至造成村毁人亡的灾难。泥石流还可直接埋没车站、铁路、公路，摧毁路基、桥涵等设施，致使交通中断；还可引起正在运行的火车、汽车颠覆，造成重大的人身伤亡事故。有时泥石流汇入河道，引起河道大幅变迁，间接毁坏公路、铁路及其他构筑物，甚至迫使道路改线，造成巨大的经济损失。此外，泥石流对水利、水电工程、矿山等也可能造成很大的危害。

泥石流的形成，与自然因素与地质构造和降雨有着密切的关系。在地势陡峭、泥沙和石块等堆积物较多的沟谷，每遇暴雨或长时间的连续降雨，就容易形成泥石流。从人为因素来看，主要由于不合理的开发，如乱砍滥伐林木，山坡失去植被保护；修建公路、铁路、水渠等工程时，破坏了山坡表层，不合理的采石、开矿、破坏了地层结构等，都会导致人为泥石流的发生。

（3）崩塌灾害

崩塌（崩落、垮塌或塌方）是较陡斜坡上的岩土体在重力作用下突然脱离母体崩落、滚动、堆积在坡脚（或沟谷）的地质现象。崩落的岩块（土块）大小不等、零乱无序地堆积在坡脚的锥状堆积物，称崩塌堆积物，简称崩积物，也称为岩堆或倒石堆。崩塌一般还被称为崩坍、垮塌或塌方。

由于岩体裂隙的出现发展常不被人们所注意，崩塌的前兆不明显，因而其突发性较强，会给人类社会带来危害。崩塌发生后，又会出现新的陡峭临空面，在外力和重力作用下，新的裂缝延伸扩展，崩塌现象可再次发生，形成连发性的崩塌现象。由于崩塌现象是突然发生的并且速度快、强度大，所以对附近的建筑物常可造成巨大的危害和损失。

1980 年 6 月，湖北省远安县盐池河磷矿发生了一次巨大的岩石崩塌。部分山体从高处崩落，山谷中的崩积物南北长 560 米，东西宽 400 米，平均厚度 30 米，崩积物体积有 100 万立方米。最大岩块长 10 米、宽 10 米、高 10 米，重达 2700 多吨。顷刻之间，乱石块把磷矿区的五层大楼掀倒、掩埋，毁坏了该矿的设备和财产，造成 307 人死亡。流经矿区的盐池河上堆起一座高达 38 米的天然堆石坝，形成了一座天然湖泊。

崩塌的成因类型多而复杂，按其动力成因大致可分为自然因素、人为因素及由这两种因素叠加而成的综合因素三大类。在自然作用下，常见的巨大岩土体，以垂直节理或裂隙与稳定岩体分开，随着节理、裂隙的不断加深和坡脚不断冲刷淘蚀，在长期重力的作用下，当岩土体逐渐向外倾斜，或者遇较大水平力作用时，即产生崩塌。除重力作用外，连续大雨渗入岩土体的节理、裂隙中，所产生的静水压力、动水压力及雨水软化软弱面，也可能导致崩塌的发生。

在人为因素作用下，由于人工切坡过高过陡，破坏了斜坡原有的稳定性结构，也会致使下部岩体被剪断而产生崩塌，或土体被淘缺而产生崩塌。

2.4.2 地质灾害防灾减灾工作开展现状

地质灾害一直是世界各个国家和地区高度关注的问题。从 20 世纪 70 年代初开始，发达国家基于减少地质灾害损失及影响这一目标，对地质灾害进行了一系列工作，包括调查、评价和监测预警等。到 20 世纪 80 年代末期，联合国出台"国际减轻自然灾害十年计划"，目标是为了减少 30% 的由自然灾害造成的损失。这一计划为减少由于自然灾害产生伤亡和财产损失提供了良好条件。10 年后，联合国又出台"国际减灾战略"，首次将针对自然灾害进行的简单防御转变为风险管理。经过 30 多年的发展与完善，发达国家在地质灾害研究方面得到空前发展，包括灾害产生机理、灾害风险管理、灾害监测预警和灾害防治理论，并由此形成了集多种高新技术为一体的针对性技术体系。这些进展，也为我国做好防灾减灾工作提供了很好的经验。

历经几十年的努力探索，我国逐步形成了具有特色的地质灾害防灾减灾体系模式。2003年开始的全国地质灾害气象预报预警工作，目前已覆盖全国30个省（自治区、直辖市）、231个市（地、州）、1721个县（市、区），实现了对区域降雨型地质灾害风险的有效防范。

全国有30多万名群测群防员，通过埋桩、埋钉、贴片等简易方法对房前屋后、村庄周边的地质灾害开展监测，初步实现了已知地质灾害隐患点的"群测群防"全覆盖，为减少人员伤亡和财产损失、增强公众防灾意识和能力发挥了重要作用，取得明显成效。

目前，自然资源系统已累计建设多层次的滑坡、崩塌、泥石流自动化监测点5700余处，交通、水利、铁路、旅游等部门结合需求也建设了部分监测设施，为提高我国地质灾害监测预警水平奠定了重要基础，积累了宝贵经验。

必须指出的是，根本改善我国地质灾害条件还有很长的路要走，还有很多具体工作要做。我国的地质灾害风险仍然很高，与新时代防灾减灾要求相比，地质灾害防治任务仍然十分艰巨。

2.4.3　我国地质灾害特点及防灾形势

我国地质构造复杂，地貌形态多样，地壳断裂活动普遍，加之人类活动影响，成为世界上地质灾害最严重、受威胁人口最多的国家之一，崩塌、滑坡、泥石流、地面塌陷等与地质作用有关的地质灾害隐患多、分布广。近年来，受极端气象、地震、工程建设加剧等因素影响，我国地质灾害多发、频发、群发，给人民群众生命财产造成严重损失，使社会经济可持续发展遭受重大影响。

具体来说，与世界其他国家和地区相比，我国地质灾害具有以下几个方面的特点。

（1）类型多、分布广、危害大

按致灾地质作用的性质和发生处所进行划分，我国常见的地质灾害共有12类、48种，包括：地震、火山喷发、断层错动等地壳活动灾害；崩塌、滑坡、泥石流等斜坡岩土体运动灾害；地面塌陷、地面沉降、地面开裂（地裂缝）等地面变形灾害。

全国 32 个省（自治区、直辖市），几乎无一不受到地质灾害的危害和生态环境恶化的威胁，每年灾害造成的直接经济损失达 200 亿元。

（2）具有区域性和群发性

受地形地貌、地质条件、纬度分带的影响和制约，我国地质灾害具有明显的地域特征和区域变化规律：在我国西部山区是崩塌、滑坡、泥石流等突发性地质灾害的高发区；黄土高原及大片红层丘陵地区，水土流失和滑坡相当严重；西部内陆盆地与内蒙古高原，沙漠化、盐碱化十分突出；地面沉降、地裂缝、海水入侵、海岸侵蚀与淤积主要分布在我国东部平原及沿海地带；岩溶塌陷主要分布在西南山区和部分北部山地丘陵区。

许多地质灾害不是孤立发生或存在的，往往以点、群形式发生，形成灾害体系或灾害链。例如，斜坡岩土位移灾害大都与降雨有关，先崩塌或滑坡，后形成泥石流，灾害的实际危害程度往往会超出预期。

（3）具有与社会的同步性

随着人口增长、经济的发展，我国地质灾害有灾种增多、频度增高、危害性增大的趋势。例如，地面沉降、地裂缝等灾害，由几十年前仅在个别省（自治区、直辖市）出现，到目前遍及 20 多个省（自治区、直辖市），且范围逐步扩大，速率明显加快。

（4）具有持久性影响的缓变型地质灾害日益加剧

缓变型地质灾害主要指地面沉降、水土流失与土地沙化等，这些灾害的发展，使生态环境日益恶化，人类赖以生存的资源逐渐减少或枯竭。

更可怕的是，地质灾害一旦形成便难以恢复其原貌，其发展过程是不可逆转的。我国沿海城市和东部平原，地下水超量开采，诱发了大面积的地面沉降、地裂缝、水质污染，许多地区深层地下水均已降至 80 米左右，比海平面低 70 多米，这一环境演化将是持久且难以逆转的。

党的十八大以来，在各级党委政府的有力领导和各有关部门大力支持下，全国地质灾害防治得到全面推进，地质灾害防治调查评价、监测预警、综合治理、应急处置四大体系建设得到加强，基层综合防灾能力得到提升，因灾死亡失踪人数由"十一五"时期的5611人降到"十二五"时期的2008人、"十三五"时期的1234人。

同时，我们也要清醒地看到，地质灾害具有很强的隐蔽性、复杂性、突发性和动态变化性。全国现有地质灾害隐患点28.8万余处，潜在威胁1600万人。受调查手段和精度限制，尚有大量地质灾害隐患没有发现。

已发现的隐患点，受经费限制，绝大多数没有进行过地下情况勘查，很难准确把握其性质、规模和发展变化。

另外，随着我国社会经济的快速发展，地质环境受中、西部地区大规模基础设施建设的影响仍在持续；东部地区由现代都市圈发展造成的水资源供需矛盾持续加剧，地下水和油气的过量开采致使地面沉降和地裂缝持续上升；各地采矿工程形成大量灾害隐患。

而在未来很长时间内，人类尚且无法采取有效的手段来避免地质灾害的发生，或者消除其带来的重大威胁。

2.4.4 地质灾害形成原因

导致地质灾害发生和发展的原因或因素较多。地质灾害形成条件特别复杂，不同地质灾害的形成条件也很不一致。根据各种地质灾害形成条件的属性特征，可概括为自然因素和人为因素两大方面。

自然因素包括地质条件、水文地质条件、地形地貌条件、气候条件、森林植被条件等。人为因素包括人类活动和社会经济条件等。

（1）地质条件

地质条件包括岩土体性质与结构、地质构造及活动性、动力活动方式与强度等。通常坚硬的岩石和结构密实的黄土容易形成规模较大的崩塌；结构松散、抗风化能力较低，在水的作用下性质能发生变化的岩、土体，如松散覆盖层、黄土、红黏土等及软硬相间的岩层所构成的斜坡易发生滑坡。

各种节理、裂隙、层面、断层发育的斜坡最易发生滑坡。因为岩体只有被各种裂隙面切割分离成不连续状态时，才有可能向下滑动，而且构造面又为降雨等水流进入斜坡提供了通道。

岩溶地面塌陷多发生于碳酸盐岩、钙质碎屑岩和盐岩等可溶性岩石分布区。

（2）水文地质条件

水文地质条件是指地下水埋藏、分布，补给、径流和排泄条件，水质和水量及其形成地质条件等的总称。地下水活动，在滑坡形成中起着主要作用。它主要表现在：软化岩土，降低岩土体的强度，产生动水压力和孔隙水压力，潜蚀岩土，增大岩土容重，对透水岩层产生浮托力等。尤其是对滑面（带）的软化作用和降低强度的作用最突出。

（3）地形地貌条件

地形地貌条件包括地形高度、坡度、形态等。只有处于一定的地貌部位，具备一定坡度的斜坡，才可能发生滑坡。一般江、河、湖（水库）、海、沟的斜坡，前缘开阔的山坡、铁路、公路和工程建筑物的边坡等都是易发生滑坡的地貌部位。坡度大于45°的高陡边坡、悬崖、危岩是崩塌所形成的有利地形。

（4）气候条件

气候条件包括气温、降水、风力、风向等。暴雨、冰雪融水等能够提供丰富的水源，水既是泥石流的重要组成部分，又是泥石流的重要激发条件和动力来源。降雨强度大，持续时间越长，越有利于不稳定斜坡失稳、泥石流、地面塌陷的发生、发展及活动。

（5）森林植被条件

森林植被条件包括植被类型、森林覆盖率等。地质灾害的发育程度与森林植被覆盖率存在一定的相关关系，森林植被差的地区往往地质灾害较发育，灾害发育的区域往往水土流失严重，使生态环境进一步恶化。森林植被的好坏直接关系到泥石流能否发生，森林植被越好，降水转化为地表径流所需的时间越长，转化量越小，不易发生泥石流；反之，森林植被越差，降水转化为地表径流所需的时间越短，转化量越大，则易发生泥石流。

（6）人类活动和社会经济条件

不合理的人类活动如修路、建房开挖坡脚、堆渣填土等都会引起崩塌。由于人类对地下水用量的不断增加，采矿活动形成采空区等，容易引发地面塌陷和地裂缝。

人类工程活动，如滥伐森林造成水土流失，采矿堆弃在沟谷的弃渣堆土等，往往也为泥石流提供大量的物质来源。

人口密度、财产类型与价值密度、资源开发与环境利用、灾害防治与减灾投入力度等社会经济条件，对地质灾害的形成影响，也是不容忽视的。

人类工程活动发展趋势的愈发强烈，由此引发的地质灾害隐患相应增加，因此，在进行工程活动的同时也应对其引发的地质灾害问题加以重视，以减少和预防其带来的次生地质灾害。

2.4.5 防治政策和应对措施

当前地质灾害防治工作的总体思路是："调查评价当先，科学规划跟进，全面监测预警，重点治理搬迁，强化应急避险，依靠科技创新，加强宣传培训。"以建立健全地质灾害调查评价、监测预警、防治和应急四大体系为核心，强化地质灾害防范意识和能力，全面提高地质灾害防治水平。

（1）地质灾害风险调查评价

地质灾害风险调查评价，旨在解决地质灾害早期识别、形成机制和规律认识，总结成灾模式、开展不同层次地质灾害风险区划、掌握风险隐患底数、提出综合防治对策建议和风险管控措施，为地质灾害防治管理提供基础依据。

在对全国的地质灾害隐患风险评价的同时进行前期勘查，提高已知隐患点实际探查深度。对可能存在隐患的较小区域，开展细致的调查与勘查，以此提高对所有风险源的控制及管理能力。

加强崩塌、滑坡、泥石流灾害调查与成灾规律研究；加强重点地区岩溶塌陷调查；加强地面沉降调查与监测；加强重要工程区主要活动断裂及其灾害效应调查；加快建立以综合遥感为基础的调查评估新体系，建成精细化调查及动态化更新的管理平台等，都是非常重要的工作。

（2）地质灾害监测预警

加强地质灾害监测，进行全国地质灾害监测与预警体系建设的规划，在监测基础上，实现对地质灾害的治理与对地质环境的保护，不仅是防灾减灾的需要，而且也是国家经济社会可持续发展、保护生态环境和进行生态环境建设的最基本的保障，是一项重要的基础性和公益性的国家地质工作。

针对地质灾害防治管理工作，国家从不同角度颁布了一系列的法令法规、条例规划，很多内容涉及地质灾害预警应急体系建设。例如，《国家中长期科学和技术发展规划纲要（2006—2020年）》将重大自然灾害监测与防御列为优先主题，包括对地震、台风、暴雨、洪水、地质灾害等的监测、预警和应急处置关键技术的重点研究开发；2011年6月17日，国务院正式印发《关于加强地质灾害防治工作的决定》，明确提出要加快构建国土、气象、水利等部门联合的监测预警信息共享平台（图2-3）。

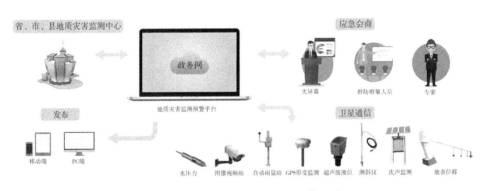

图2-3　地质灾害监测预警平台

建立覆盖全国的地质灾害重点防治区突发性地质灾害群专结合的监测预警预报网络；建立全国地面沉降、地裂缝等缓变型地质灾害的实时监控体系；建立完善的地质灾害监测信息网络，实现地质灾害监测数据的自动化采集、传输、存储和信息的实时发布；建立完善的地质灾害防灾预警指挥系统等，都是非常重要的工作。

（3）地质灾害防治

地质灾害防治工作，实行以预防为主、避让与治理相结合的方针，按照以防为主、防治结合、全面规划、综合治理的原则进行。

滑坡、崩塌、泥石流在地质灾害中是发生数量最多、造成危害最严重的灾种，有效地减轻其对人类生命财产的威胁，最大限度地减少灾害损失，常对这3类地质灾害采取工程措施进行防治。

例如，对于滑坡灾害，常采取的工程防治措施包括排除地表水和地下水、削方减载或填方加载、设置抗滑挡土墙、锚索、抗滑桩、微型桩、护坡工程、绕避等。

除上述工程措施外，还要加强灾害监测，有效地进行灾害预测预报，最大限度地减少灾害损失，并且合理保护和治理各个区域的地质自然环境，以削弱灾害活动的基础条件。

开展地质灾害防灾减灾科普知识宣传，提高地质灾害多发区广大民众的防灾避险意识和自救互救能力，也是最大限度地减少地质灾害损失的有力举措。

（4）地质灾害应急

建立健全适应公共管理需求的地质灾害应急体系，是全面提升我国地质灾害应急处置能力的关键举措。健全完善地方地质灾害应急管理机构和专业技术指导机构，加强地质灾害应急专业人才培养，推进基层地质灾害应急处置能力建设；完善地质灾害应急预案；建立健全国家、地方、部门间互联互通的地质灾害应急平台；完善应急值守工作制度，提高应急值守信息化和自动化水平等，都是很重要的工作。

2.5 常见的地质灾害——地震

2.5.1 地震灾害概述

地壳无时无刻不在运动，但一般而言，地壳运动速度缓慢，不易被人们感觉到。在特殊情况下，地壳运动可表现得快速而激烈，那就是地震活动，并常常引发山崩、地陷、海啸。

地震就是因地球内部缓慢积累的能量突然释放而引起的地球表层振动。它是一种经常发生的自然现象，是地壳运动的一种特殊表现形式。强烈的地震会给人类带来很大的灾难，是威胁人类的一种突如其来的自然灾害。

和其他自然灾害相比，地震灾害有一些独特的特点，下面介绍其中比较突出的特点。

（1）灾害重，社会影响大

强震释放的能量是十分巨大的。一个 5.5 级中强震释放的地震波能量，大约相当于 2 万吨 TNT 炸药所能释放的能量。或者说，相当于第二次世界大战末美国在日本广岛投掷的一颗原子弹所释放的能量。如此巨大的地震能量瞬间释放，危害自然特别严重。相对于其他自然灾害，地震灾害的一大突出特点是死亡人数较多。不同震级的地震能量和炸药当量比较，如图 2-4 所示。

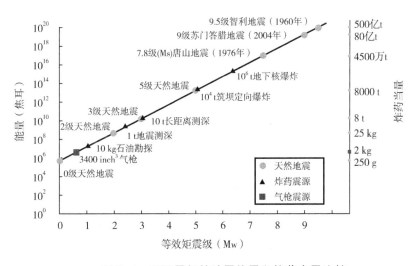

图 2-4 不同震级的地震能量和炸药当量比较

地震由于突发性强、伤亡惨重、经济损失巨大，它所造成的社会影响，也比其他自然灾害更广泛、更强烈，往往会产生一系列的连锁反应，对于一个地区甚至一个国家的社会生活和经济活动都会造成巨大的冲击。它波及面比较广，对人们心理上的影响也比较大，这些都可能造成较大的社会影响。

（2）地震灾害的次生灾害比较严重

1923年9月1日，日本关东地区发生8.3级地震，震中位于东京和横滨两座大城市之间。震后市区400多处同时起火，引发大面积火灾，横滨市几乎全部被烧光，东京2/3城区化为灰烬，在地震死亡的10万人中90%死于火灾；在毁坏的70万栋房屋中，有超过5000栋是被大火烧毁的，地震次生灾害损失大大高于地震本身直接造成的灾害。

许多城市发生的地震灾害都伴随着不同程度的火灾、水灾，这是因为城市的各个角落都存在各种危险品、易燃品、易爆品。这些是造成危害城市的灾害源，在地震时常出现严重的意料之外的次生灾害。

（3）灾害程度与社会和个人的防灾意识有关

众多震害事件表明，在地震知识较为普及、有较强防灾意识的情况下，可大幅减少地震发生后造成的灾害损失。假如人们对防灾常识一无所知，一旦遭遇地震，就不会科学从容地应对，造成很多本不该发生的或完全可以避免的人身伤亡。1994年9月16日台湾海峡发生7.3级地震，粤闽沿海震感强烈，伤800多人，死亡4人。此次地震，粤闽沿海地震烈度为Ⅵ度，本不该出现伤亡。伤亡者中90%是由于缺乏地震知识，震时惊慌失措、争先恐后、拥抢奔逃造成的。例如，广东潮州饶平县有两个小学，因学生在奔逃中拥挤踩压，伤202人，死1人；同次地震，在福建漳州，中小学校都设有防震减灾课，因而临震不慌，同学们在老师指挥下迅速躲在课桌下避震，无一人伤亡。因此，加强防震减灾宣传，提高人们的防震避震技能，具有非常重要的意义。

2.5.2　造成我国地震灾害严重的主要原因

我国地震活动具有频次高、强度大、分布广的特点，在全球范围内的强震活动中也占有相当大的比例。据统计，20世纪在全球大陆地区的地震中，我国发生强震所占的比例为 1/4 ～ 1/3，因地震造成的死亡人数和灾害的损失占到 1/2。我国地震灾害十分严重。1900 年至今，我国死于地震的人数已超过 70 万人，约占同期全世界地震死亡人数的一半。

造成我国地震灾害严重的原因，首先是地震既多又强，而且绝大多数是发生在大陆地区的浅源地震，震源深度大多只有十几至几十千米。其次，我国许多人口稠密地区，如台湾地区、福建、华北北部、四川、云南、甘肃、宁夏等，都处于地震的多发地区；约有一半城市处于基本烈度Ⅶ度或Ⅶ度以上地区。其中，百万人口以上的大城市，处于Ⅶ度或Ⅶ度以上地区的达 70%；北京、天津、太原、西安、兰州等大城市均位于Ⅷ度区内。

我国地震灾害严重的另一个重要原因，就是经济不够发达，广大农村和相当一部分城市，建筑物的质量不高，抗震性能差，抗御地震的能力低。

应该说，我国地震灾害严重与民众对地震灾害的防范意识不强有很大关系。在我国经济发展的过程中，有相当长的一个历史阶段对于摆脱贫困、提高基本生活水平的要求高于一切，整个社会防灾意识的提高与经济的发展并不同步，甚至要落后许多。防灾意识淡薄、防灾知识缺乏会造成在地震来临时惊慌失措，无法展开有效的自救和互救，甚至会因为混乱造成更严重的灾害，由此引发一系列的社会问题。我国地震区分布广，涉及人口众多，面对我国地震活动频繁的现状，加强民众防灾知识的教育是一项紧迫的任务。

建筑质量与震害的关系更是密不可分的，一次又一次的地震灾害充分证明了这一点，建筑抗震能力普遍偏低也是我国震害严重的主要原因之一。由于历史的原因，我国大部分城市的房屋抗震性能较差，1978 年以前，我国多数建筑工程未考虑抗震设计，使大部分城镇整体的抗震能力薄弱，存在很大的隐患，这也是为数不多的几次发生在城市的破坏性地震灾害严重的原因。

近年来我国城市快速发展，人口和财富高度集中，大批建造的新型建筑成为城市的主要景观，加上熙熙攘攘的人群，密如蛛网的道路，川流不息的车流，打造了一片繁荣的景象。但我们应该认识到，城市的高度集中化使城市中各个系统之间的相互关联愈发紧密，往往会牵一发而动全身，在突发灾害面前反而更为脆弱。从建筑单体看，新建建筑材料和结构形式要优于以往的旧建筑，但同时对设计、施工的要求更高，如果片面追求高速发展，疏于管理，不严格把好质量关，新建工程的抗震能力无法得到保证，一旦遭遇破坏性地震，所造成的后果更为严重。我国某些村镇地区的建筑仍以传统的土、木、砖、石为主，建筑的抗震能力更差，近几年发生的破坏性地震又多发生在经济相对落后的西北、西南等地区，因此建筑的破坏程度也更严重。这些地区地域辽阔，地震活动性强，未来破坏性地震的发生可能性仍然较高。

我国抗震防灾体系和日、美等发达国家相比，还有存在很大差距，如果发生同等强度的地震，可能造成的伤亡和损失会严重很多。整个社会防灾体系的建立和完善需要一个漫长的过程，不仅要有正确的防灾意识作为指导思想，还要有切实可行的法律、法规来保证其贯彻和实施，与技术经济水平相适应的技术标准体系也是重要的保障，同时只有提高全民防灾意识，才能真正提高我们抵御地震灾害的能力。

2.5.3 地震灾害的影响

地震灾害是地震对人类社会造成的灾害事件。地震成灾的程度主要取决于地震震级的大小、震源的深浅、震区的地质条件、建筑物的抗震能力、经济发展和人口等因素。

地震的影响是指与地震有关的宏观现象，包括直接影响与间接影响两种。

直接影响又称为原生地震影响，主要指与地震成因直接有关的宏观现象，如地震成因断层（又称"发震断层"）的断裂错动，如区域性的隆起或沉降，大块地面的倾斜或变形，悬崖、地面裂缝、海岸升降、海岸线改变，以及火山喷发等对地形的影响。直接影响往往在极震区才能见到。研究地震的直接影响具有很重要的意义，它有助于我们认识地震的成因与过程，推断并解释构造运动。

间接影响又称为次生地震影响。主要指由于地震产生的弹性波传播时在地面上引起的震动而造成的一切后果，如山崩、地滑、建筑物的倒塌破坏、海啸、湖水激荡、地震滑坡、泥石流、砂土液化、地面沉陷、地下水位变化、火灾、人的感觉等。此外，还包括由于地震造成的社会秩序混乱、生产停滞、家庭离散、生活困苦等所引起的人们心理损伤。

火灾是次生灾害中最常见、最严重的。1995年1月17日，日本阪神发生7.2级地震后发生了严重的火灾，经济损失约1000亿美元。

直接影响和间接影响有时并不容易区别，如地裂既可以是直接影响，也可以是间接影响。间接影响虽然不是分析地震成因的主要依据，但与人民生命、财产的安全都有密切关系，因此，也同样为人们所重视，特别为工程建设人员所重视。

2.5.4 地震次生灾害的形成原因

地震本身的特点决定了地震次生灾害的多样性，如滑坡、泥石流、火灾、水灾、有毒有害物质外溢等。同时，因为地震是瞬间发生的，而受灾面积又很宽。因此，不同种类的次生灾害可能同时发生；不同种类或同一种类的灾害也可能在震后一段时间内相继发生。

各种地震次衍生灾害又相互关联，相互诱发。地震造成活动断裂、地表破碎，为崩塌、滑坡创造了有利条件；崩塌、滑坡为泥石流提供了大量碎屑物质，泥石流又诱发崩塌与滑坡；地面塌陷与道路滑塌相互伴生，地面塌陷导致路基失衡，必然形成道路滑塌。崩塌、滑坡、塌陷与地裂缝又对地表建筑物和路面产生破坏，最终作用于人类，造成人员伤亡和社会经济损失。泥石流和水土流失使地表植被和农田遭受破坏，还会造成建筑物和桥梁的损坏及生态环境的恶化。泥石流堵塞河道时形成堰塞湖，一旦湖体破裂，会酿成洪灾和涝渍，潜在威胁大大增加。恶劣天气，如高温、干燥，使火灾和传染病的发生概率大大增加。火灾使房屋烧毁，形成"孤岛"效应，导致人员被困，无法及时救助而死亡。传染病的传播速度极快，若防治措施不利，会迅速蔓延，导致人口大量死亡，引发社会恐慌和社会动乱，危害非常严重。

在人口密集的现代大都市，处处存在着次生灾害源。地震时，电器短路引燃煤气、汽油等会造成火灾；水库大坝、江河堤岸倒塌或震裂会引起水灾；公路、铁路、机场被地震摧毁会造成交通中断；通信设施、互联网络被地震破坏会造成信息灾难；化工厂管道、贮存设备遭到破坏会形成有毒物质泄漏、蔓延，危及人们的生命和健康；城市中与人们生活密切相关的电厂、水厂、煤气厂和各种管线被破坏会造成大面积停水、停电、停气；卫生状况的恶化还能造成疫病流行；等等。同时，还会出现大量的地质次生灾害，如出现地面裂缝、地面塌陷、山体滑坡、河流改道、地表变形，以及喷沙、冒水、大树倾倒等现象。破坏性地震的突发性和巨大的摧毁力，造成人们对地震的恐惧。有一些地震本身没有造成直接破坏，但由于各种"地震消息"广为流传，以致造成社会动荡而带来损失。这种情况如果发生在经济发达的特大城市，损失会相当于一次真正的破坏性地震，甚至有过之而无不及。

因此，在地震灾害中，次生灾害是极为严重的。为了减轻地震灾害，一定要做好地震次生灾害防范工作。

2.5.5　防治政策和应对措施

人类为了减轻地震灾害，制定了一系列针对地震的战略战术，以获取一定的社会经济效益，这就是地震对策。简而言之，就是对付地震的办法和措施，也就是地震来了怎么办。地震对策是研究减轻地震灾害，获取最大社会经济效益的最佳战略和战术，包括震前的预防、震时和震后的救灾、恢复重建工作及相关政策。虽然地震灾害不能完全避免，但只要制定科学合理的对策并予以实施，完全可以做到有效地减轻地震灾害损失。

总结我国和世界各国应对地震灾害和震后恢复重建的工程与社会对策和经验，主要包括以下几个方面的内容。

（1）提高地震预测、预警的科学准确性

世界各国对"地震预测"的研究都处在小概率探索阶段，无法做到地震的准确预测，但是依然要加强地震预测的研究，采取多种手段不断提高预测准确性。尽管地震准确预测还无法实现，我们只能把目标转向地震发生后短短几秒到几十秒的时间内，希望能够在这段时间内发出警告，力求把生命和财产损失减至最低，即地震预警。在当前的地震预警系统中，系统通过大地震发生之后，强破坏性地面运动到来之前几秒到几十秒时间内发布预警信息，可以在很大程度上降低地震破坏造成的人员伤亡和财产损失。我国已经开展了地震预警系统研究，并应用到不同的领域。目前已积累了一些成功的经验，为今后的科学研究和减灾实践奠定了良好的基础。

（2）民众的防震减灾意识是减轻震害的首要条件

无数次地震灾害表明，防震减灾意识的强弱对震害程度具有决定性影响。民众防震减灾意识强，灾害损失就可能较小；反之，则地震灾害必然加重。美国洛杉矶市在 1994 年圣费尔南多 6.6 级地震发生时，由于全面改善了建筑物的抗震设计，对老旧建筑进行了加固改造，并不断提高公众对地震的忧患意识，因此，建筑物震害较轻。而在此之前的 1989 年旧金山 6.9 级地震中，由于防震意识懈怠、建筑物的抗震设防烈度过低、建筑施工质量低劣、缺乏抗震宣传和教育，致使大震面前人们惊慌失措。由此可见，民众的防震减灾意识非常重要。在我国，由于防震减灾宣传活动普及程度有限，而且受到经济发展水平的影响，民众的防震减灾意识还有待加强。

（3）建立相关法律体系是顺利开展防震减灾工作的重要保证

世界各国对建立防灾减灾方面的相关法律体系都十分重视，特别是美国和日本都建立了比较完善的法律体系。美国分别颁布实施了《灾害救济法》《地震灾害减轻法》《美国联邦跨机构应急反应行动计划》，连同《联邦政府对灾害性地震的反应计划》《国家减轻地震灾害法》《联邦和联邦资助或管理的新建筑物的地震安全》实施令，共同形成了较为完善的减轻地震灾害的法律法规体系。其地震法律体系也比较完备，其地震法律体系包括基本法和一般法两种，涵盖了灾害预防、灾害应急对策及震后恢复等领域，将防震减灾和灾后重建过程全部纳入法制轨道，并在实施过程中对各项法律不断进行修订和完善。

我国自 1998 年起实施《中华人民共和国防震减灾法》，并于 2008 年重新修订，为防御和减轻地震灾害、保护人民生命和财产安全、促进经济社会的可持续发展提供了法律依据。另外，还颁布了《地震监测设施和地震观测环境保护条例》《破坏性地震应急条例》《地震预报管理条例》《地震安全性评价管理条例》等一系列配套法律法规，为实现我国防震减灾事业的法制化管理奠定了坚实基础。

（4）建立完善的防震减灾体系是降低灾害损失的重要一环

美国主要抗震思路是"防"，并不断完善以"工程抗震—防震减灾科学研究—地震监测—提高社会防震减灾意识"四位一体的防震减灾体系。日本则建立起防震减灾和重建的责任体制，组织和协调不同部门的防震减灾工作，建立防震减灾计划体系，制订相应计划，在各层次落实防震减灾的重大措施。

目前，我国城市地区的防震减灾体系已经较为完善，使得地震区城市的综合防震减灾能力得到较大水平的提高。但是，仅依靠城市自身的力量是难以胜任防震减灾重任的。以往的震害表明，广大农村的防震减灾工作非常不完善，因此，必须尽快建立城乡相结合的以村镇为基础、以城市为重点的地震防灾体系，并要符合当地实际情况，加强防震减灾工作。这对于保障国民经济的顺利发展和人民的生命安全，减少地震灾害损失，具有极为重大的意义。

（5）提高自救互救能力与高效、有序的应急救援相结合

日本全国经过多次地震的教训，对地震时的自救互救和应急救援有了深刻的认识，各级政府通过各种方式宣传自救互救知识和方法，教育市民开展自救互救，并在震后第一时间开展应急救援工作。而美国多年来始终重视对公众进行地震知识教育，提高地震灾害中自我保护的能力，成立地震应急救援队，参与国内和国际地震救援工作。在这些发达国家，城市社区建设成熟、服务完善，在地震应急救援工作中起着举足轻重的作用。

我国在总结历次地震应急救灾经验的基础上，参考发达国家地震应急救灾的经验和做法组建了地震应急救援队，这支队伍在破坏性强震救援中发挥了很大的作用。目前，很多省市都已经建立起了专业化高素质的应急救援队伍。这将是实现地震应急救灾高效有序的强有力保障。相对于发达国家，我国城市社

区建设刚刚起步，因此，在城市社区建设中必须加强社区地震应急自救能力建设，进而提高全社会的地震应急救助水平，进行有效的地震应急自救互救知识和技能的培训，也将有利于提高地震应急救援的有效性。

（6）研究分析建筑物震害状况，有效提高抗震能力

根据不同的震害状况，采取相应的抗震能力的技术措施，是提高震害防御能力最有效的手段之一。研究分析生命线系统的震害，也能有效提高其抗震能力。震后生命线工程的震害主要表现在：高架公路的破坏、桥梁的破坏、煤气管网破坏、供水管网破坏和地下结构物破坏。美国和日本等国家的情况表明：每次大地震后，交通生命线系统在抗震设防水准、地震作用、地震反应计算分析方法、延性设计和抗震设计方法等方面不断进行补充并相互借鉴。根据不同生命线工程的受灾特点，采取必要措施改善结构的抗震能力，从而减轻地震灾害。

我国的很多经验和对策都是借鉴了发达国家的经验和对策，根据我国特有的现状，投入较大人力、物力、财力，促进我国防震减灾水平的不断发展，逐渐与国际接轨。

3 人为灾害

3.1 人为灾害概述

3.1.1 人为灾害概念及分类

灾害是指能够造成国家或社会财富损失和人员伤亡的各种自然、社会现象。它们是相对于人类社会而言的异常现象。根据灾害产生的主要原因不同，可以将其分为自然灾害、人为灾害和复合灾害。人为灾害主要是指由于人类自身的不合理行为对人类生命、财产所造成的危害和损失的现象及过程。简单来说，人为灾害就是由人为因素引发的灾害。

人为灾害又分为技术灾害（工业与交通事故灾难等）、社会事件、公共卫生事件等。大多数人为灾害并非故意制造，但肇事者具有渎职或技术失误等责任；也有一些人为灾害是非失误性的，如社会事件中的战争、恐怖袭击、政治动乱、刑事犯罪等。

人为灾害是影响社会安全的最重要因素。一般用 4 个方面的综合性指数衡量一个国家或地区的社会安全性：交通安全（用每百万人交通事故死亡率衡量）、生活安全（用每百万人火灾事故死亡率衡量）、生产安全（用每百万人工伤事故死亡率衡量）和社会治安（用每万人刑事犯罪率衡量）。

尽管不同的学者对人为灾害的概念和涵盖范围理解有所不同，对在交通安全、生活安全和生产安全方面出现问题就意味着发生了人为灾害的看法是一致的。

下面我们要讨论的人为灾害，包括交通事故、生命线系统事故、灾害火灾事故、安全生产事故和踩踏事故，都是日常生活中常见的，通过人为的主观努力，在很大程度上可以减少的灾害。

毫无疑问，人为灾害越少，社会安全程度越高。当我们关注社会安全问题时，在很大程度上，实际上关注的是人为灾害的风险及其防范。

3.1.2　我国人为灾害的研究和管理现状

20 世纪 90 年代联合国国际减灾十年活动初期是以应对自然灾害为主。到 90 年代中期，各国发现几乎所有自然灾害的发生都带有一定的人为因素。1994 年横滨世界减灾大会已经把属于人为灾害的技术灾害与环境灾害纳入国际减灾十年活动的范畴。在 2000 年"国际减灾日"上，时任联合国秘书长安南在灾难文告中说：人们已经越来越多地意识到，所谓自然灾害并不完全是自然产生的，事实上，导致灾害损失增加的主要原因是人类活动。

我国灾害种类繁多，灾害发生频率居高不下。灾害严重影响着人们的生产生活，甚至给受灾家庭造成人员伤亡或财产损失。在与灾害长期不懈的斗争中，人们吸取了教训也积累了许多宝贵实用的经验，创造了许多切实可行的办法，基本形成了适合我国灾情的一整套灾害应急管理模式，这一模式在实际的灾害防治中发挥了巨大价值，降低了灾害的风险和灾损。灾害防治也上升到国家政策及法律法规层面，很多相关的政策、法律法规及办法相继出台。

有学者将减灾管理分为 6 个阶段，即灾害监测、灾害预报、防灾、抗灾、救灾、灾后援建。相关工作也围绕上述 6 个阶段展开：灾情调查、减灾目标确定、减灾系统方案综合、减灾系统分析、减灾决策制定、减灾计划实施。

从国内研究现状来看，在防灾减灾理论方法方面取得了一定的成果，积累了一定的经验，但是仍存在很多不足。首先，这些研究大都是被动反应式的，偏向危机的现场反应和救助，缺乏综合应急反应体系和规划、法律法规体系和制度、部门沟通和协作、资源储备与保障等方面的研究；其次，对自然灾害的研究较多，对人为灾害研究面狭窄，对很多问题如踩踏事故等灾害估计不足，甚至没有匹配的具有实操性的应急预案；最后，对危机次生影响，如谣言和信息公开问题、恐慌情绪与信心恢复等问题，尤其是对政治层面的影响研究不足。

近年来，中国的城市化进程加速，"城市病"日益凸显，越来越表现出人为致灾特色，如暴雨导致城市内涝与交通瘫痪，不合格设备投入运行、豆腐渣工程及城市建筑过分向高层与地下空间发展都大大降低了城市安全度等。城市人口的急剧增加，导致资源承载力与环境容量的下降，相伴而生的灾害隐患不断增多，人为因素致灾与成灾频率呈非线性增多。

有研究表明，目前我国正处在以安全事故为代表的人为灾害频发的高峰阶段，平均每年国家直接损失超过 1000 亿元，加上间接损失，国家财产损失总额超过 2000 亿元。此外，多种灾难事故使得我国平均每天死亡人数约为 300 人。由此可以看到，我国城市公共安全问题的严峻形势。但是，我国多数城市地区的公共安全管理保障体系与西方国家相比显得脆弱不堪。

由于公共安全涉及人民群众的生命、财产、健康安全，是每个国家与社会最基本的民生问题，因此，我国应当设置完善的组织机构，并实行最严格的管理，尤其是要建立健全地区基层公共安全管理机构。因为多数城市公共安全问题普遍发生在基层，地区基层公共安全管理工作量较大、难度较高、范围较广，甚至一些城市边缘地区还存在交通不便利等困难，并且基层公共安全管理机构设置相对不完善，编制人员较少，缺乏专业型技术人员，工作队伍整体素质差，缺少资金投入，这些状况会导致基层地区的安全监管工作不到位，出现"盲区"现象，制约了基层公共安全管理作用的充分发挥。

目前，应急管理机构在我国大部分城市已普及，法律法规也正在陆续完善中。在灾害发生后，也会采取相应的应急管理措施。然而，目前还有很多城市存在应急知识普及、应急预案相对滞后的问题，无法满足现代城市管理的要求。很多城市管理者努力加大应急知识及技能的宣传力度，但是部分群众却呈现出不重视甚至忽略的现象，认为灾难与自己无关。这种较为淡薄的意识是导致灾难发生时损失严重的主要原因。

所以，我们要认识到我国城市公共安全管理面临的现状与问题，进而有针对性地研究解决策略，健全完善我国城市公共安全管理体系，以最大限度地减少人为灾害的发生。

近几年，由于影响我国社会公共安全的事件不断发生，因此，社会各界对我国城市公共安全管理问题关注度逐渐提高，加强与完善城市公共安全管理工作迫在眉睫。

3.1.3 人为灾害的特点

人为灾害影响公共安全，问题涉及范围之广、影响程度之深、牵涉因素之多，是任何其他社会经济问题都无法相提并论的。

人为灾害的主要特点表现在以下几个方面。

（1）人为灾害是难以完全消除的

人为灾害的发生是潜在的险情，人类、社会的易损性和险情的显现三方面因素协同作用的结果。随着社会和技术的进步，人为灾害的类型越来越多，越来越复杂。随着城市化进程的推进，又有许多非传统的人为灾害问题成为困扰城市安全运行的因素。由于人为灾害很难预测、预报和预警，城市公共安全机制、体制、制度、法律、应急预案等不健全，城市安全管理人员、设备、设施配备不足等原因，加之受当今社会科学技术发展水平和生产力状况的制约，人为灾害总是很难完全消除。

但是，我们可以通过采取相应的措施，将灾害发生频率和危害后果控制到尽可能小的程度。例如，当火灾发生时，通过专业救援队伍的及时反应和采取有效的应对措施，可以减轻火灾造成的损失。

（2）人为灾害发生频率较高，不确定性强

与自然灾害显著不同的是，人为灾害发生的次数较多，频率较高，灾害范围广，但规模通常较小，受灾人数每年平均在 0.8 万～1.0 万人，每次灾害的损害规模不等，造成的经济损失从百万元到百亿元都有。

人为灾害的发生具有极大的不确定性。这对我们人为灾害事件的发生和选择应对措施的时机和地点，增加了难度。

（3）人为灾害往往具有灾难性，成因复杂

人为灾害会给人民群众生命财产安全带来不可逆转的重大损失。一旦发生，必须动员必要的力量和资源，进行紧急救援，努力把损失降至最低程度。

人为灾害类型多样，成因复杂。它由多种原因、多种因素、多种条件构成，而且这些原因、因素和条件往往相互联系、相互影响，甚至相互转化。它们不以人的意志为转移。因此，既要进行科学分类管理，又要加强相互协调和沟通，采取科学、系统、综合的措施应对。

例如，近年来，火灾现象呈现出复杂和多样化的趋势，现代城市人口、建筑、生产、物资集中的特点，使火灾发生更为集中；各种新型材料的推广使用，使可燃物种类增多，燃烧形式和物种更加复杂，火灾有毒气体危害问题突出。各种新能源和电器产品的使用，导致火灾起因更为复杂、多样和隐蔽；高层、复杂、超高建筑的增多，使火灾扑救和人员疏散条件恶化。

人为灾害的这些特点，决定了它给人类生活和社会发展所造成的损失日益严重。因此，必须认真研究积极预防和应对。

3.1.4 常见的人为灾害产生的主要原因

人为灾害和自然灾害一样，都会造成人类生命财产的重大损失。但两者之间有一个本质的差异：自然灾害往往是不可抗拒的；而人为灾害是人类可以用理性、智慧控制和努力避免的。当然，前提是要充分了解人为灾害产生的主要原因，并进行有的放矢的防范。

一般来说，常见的人为灾害产生的主要原因如下。

（1）公共设施落后，防灾标准不高

随着城市化迅猛发展，大量人员涌入城市，导致城市基础设施超负荷运转，使整个城市的基础设施网络系统处于十分脆弱的外部环境中。另外，各个城市在大力发展本地城建设施时，对维护公共安全各种基础设施的规划与建设重视不够，往往存在工程项目防灾标准不高、城建系统预警及通信网络系统不健全、工作人员防灾技能和风险管理意识不足等诸多问题。这些都增加了安全隐患，为灾害的发生提供了可能。

（2）管理或操作不当

企业管理者、指挥者对安全不够重视，管理不够规范，指挥和决策不够科学，也是企业事故频发常见的主要原因。

个人的不当行为或操作，不论是有意或是无意的，都可能导致灾害后果的产生。有些人对于工作中的设备操作流程等知识了解不够，或缺乏安全意识；有些人粗心大意，工作中忽视安全规章、违规操作等，都很容易引发灾害事故。此外，个人能力的局限性和人为故意破坏、不道德或违法等行为，都可能是引发灾害或加大灾害损害程度的重要因素。

虽然造成灾害的直接原因是现场管理不严，违章指挥与操作，但企业日常防灾预警机制不到位、应急救援队伍和设备配备不足，同样是造成灾害损失的直接原因。

（3）经营者片面追求经济利益

在市场经济条件下，追求经济利益的最大化是经济主体做决策时考虑的首要因素，这是一些人为灾害不断重复发生的主要诱因。例如，考虑到事故发生后对遇难矿工进行赔偿等的成本远低于其所获取的盈利，很多煤矿违法开采，对安全生产不投入、不作为等，都是造成矿难等人为灾害多发的重要原因。

（4）相关法律法规和管理制度不科学、不健全

只有建立和完善权威性、实效性和可操作性兼备，能够全面协调各种关系的综合防灾法律体系和应急预案体系，以及科学完备的管理制度，才能有效减少和科学应对各种人为灾害。在这些方面，我国还有很多具体工作要做。

一些地方政府在考察干部政绩对防灾、减灾工作的考察远低于对经济发展业绩的考察，这使得许多政府官员的日常工作重心更多放在当地经济发展上，从而忽视了防灾减灾工作，这也是各类人为灾害不断发生的原因之一。

3.1.5　人为灾害的防范

当前，我国正处在经济体制深刻变革、社会结构深刻变动、利益格局深刻

调整、思想观念深刻变化的历史时期，许多社会矛盾容易在这一阶段集中爆发出来。

一旦发生人为灾害，很容易成为引爆公共危机事件的"导火索"。因此，必须汲取发达国家的先进经验，强化政府与民众风险防范意识，在人为灾害的防治和应对方面动足脑筋，下够功夫。

（1）树立"安全第一"的理念

要树立"安全第一"的理念。在思想认识上，安全高于其他工作；在组织机构上，安全权威大于其他组织或部门；在资金安排上，安全投入的重视程度重于其他工作所需的资金；在知识更新上，安全知识（规章）学习先于其他知识培训和学习；在检查考评上，安全的检查评比严于其他考核工作；当安全与生产、经济、效益发生矛盾时，安全优先。安全既是企业的目标，又是各项工作（技术、效益、生产等）的基础。只有树立"安全第一"的理念，才能处理好安全与生产、安全与效益的关系，才能减少人为灾害的发生。

（2）加强应急管理工作

大力推进应急管理预案、体制、机制、法制的"一案三制"建设。不断完善应急预案体系，加强街道社区、基层企事业单位专项应急预案建设，完成各级各类应急预案修订工作。加强针对不同人为灾害的应急预案演习演练工作，市、区、县（自治县）人民政府每年组织开展1～2次综合应急演习演练；应急预案编制部门和单位每年组织开展一次以上应急演习演练。

围绕突发事件预防和处置，进一步完善应急预防与准备、信息报送与共享、综合协调与应急决策、快速反应和应急联动、应急处置与救援救助、信息发布和舆论引导、应急社会动员、军地协调应急处理、善后处置和恢复重建、突发事件责任追究、区域应急合作等应急管理工作机制，并明确有关机构、部门和人员的职责和权限。

按照一专多能、一队多用、专兼结合、平战结合的原则，继续加强四级综合应急救援队伍建设。明确各级各类综合应急救援队伍的职责，完善队伍调度、指挥体系和管理制度，实现规范化、标准化、准军事化管理。切实加强各级综合应急救援队伍装备建设，组织开展培训、拉练演练，不断提高实战和应急攻坚能力。依托共青团、民政、红十字会、社区和其他社会组织，加强应急志愿者队伍建设。

（3）建立健全灾害风险评估、动态监管机制

据有关数据表明，做好灾害风险的评估、监管工作，提前预报灾害隐患至少可以杜绝60%以上人为灾害的发生。这里的监管不仅包括政府对企业安全管理的监管，也包括企业自身的监管。因此，在日常工作中要重视风险评估工作，构建合理风险评估体系；做到定期进行安全隐患排查、监管工作；实施分级、分区域管理和动态监管；对危险地区、重点风险源头实行标注等各项工作，并使之长效化。

（4）建立完善的公共安全预警机制

现代城市灾害的一个重要特点是显著的关联性。无论是重大自然灾害还是人为灾害在发生后，都有可能通过灾害链，特别是通过对生命线系统的破坏或人流、物流、信息流的传递而扩散和放大，迅速酿成巨灾。因此，必须加强城市安全保障系统建设。建立完善的公共安全预警机制是其中一项非常重要的基础性工作。

可以充分借助城市应急信息平台等先进的科学安全技术，努力实现快速准确预警，协助相关部门做好应对准备；完善公共安全应急信息传递机制，时刻保持信息通道畅通；完善社会其他机构沟通与动员制度，以城市主要媒介为依托，最快速度发布权威有效的公共安全信息；健全城市公共安全监督制度与协调机制等。

（5）兼顾人与物的不安全行为和潜在隐患

在关注城市生产生活中存在的危险源及隐患点（物的不安全状态）的同时，更要关注人的不安全行为。城市安全度既取决于危险的发生，更取决于对危险的控制能力。但现实中城市系统的日益复杂化给人为减灾带来更大困难。从提高人的可靠性出发，必须研究导致人为失误的因素，并通过加强管理、规范流程、增强安全意识、消除潜在隐患、减少操作失误等手段，减少不安全行为发

生的可能性。

3.2 交通事故

3.2.1 交通事故概述

交通事故是指车辆在道路上因过错或者意外造成人身伤亡或者财产损失的事件。严格来说，交通事故不仅可以是由不特定的人员违反交通管理法规造成的，也可以是由地震、台风、山洪、雷击等不可抗拒的自然灾害造成的。但是，在讨论人为灾害时，我们暂不考虑自然灾害引发的交通事故。

一般来说，构成交通事故应当具备下列要素。

①必须是车辆造成的。车辆包括机动车和非机动车，没有车辆就不能构成交通事故。例如，行人与行人在行进中发生碰撞，就不构成交通事故。

②必须是在道路上发生的。道路是指公路、城市道路和虽在单位管辖范围但允许社会机动车通行的地方。包括广场、公共停车场等用于公众通行的场所。

③在运动中发生，指车辆在行驶或停放过程中发生的事件。若车辆处于完全停止状态，行人主动去碰撞车辆，或乘车人上下车过程中发生的挤、摔、伤亡事故，则不属于交通事故。

④有事态发生，产生损害后果。指有碰撞、碾压、刮擦、翻车、坠车、爆炸、失火等其中的一种或多种现象发生。损害后果包括人身伤亡和财产损失。

⑤造成事态的原因是人为的。指发生事态是由于事故当事者（肇事者）的过错或者意外行为所致。这里暂不考虑由于人无法抗拒的各种自然灾害造成的意外事故。

如果当事人心理状态出于故意，则不属于交通事故。

按照所造成后果的不同，交通事故可分为以下几类。

①轻微事故。指一次造成轻伤 1～2 人，或者财产损失的数额中机动车事故不足 1000 元，非机动车事故不足 200 元的事故。

②一般事故。指一次造成重伤 1 ~ 2 人，或者轻伤 3 人以上，或者财产损失不足 3 万元的事故。

③重大事故。指一次造成死亡 1 ~ 2 人，或者重伤 3 人以上 10 人以下，或者财产损失 3 万元以上不足 6 万元的事故。

④特大事故。指一次造成死亡 3 人以上；或者重伤 11 人以上；或者死亡 1 人，同时重伤 8 人以上；或者死亡 2 人，同时重伤 5 人以上；或者财产损失 6 万元以上的事故。

3.2.2 我国交通事故的现状

近年来，随着我国经济实力的不断攀升，社会整体对交通运输的需求越发强烈，作为国民经济基础的交通运输业，也随之进入了发展快车道。

2020 年年末，全国公路总里程 519.8 万千米，比上年年末增加 18.56 万千米。道路交通是我国五大主要交通运输方式之一，总长度约相当于围绕赤道 130 圈。

2020 年全国机动车保有量达 3.72 亿辆，其中汽车 2.81 亿辆，相当于每 5 人拥有一辆汽车。机动车驾驶人达 4.56 亿人，其中汽车驾驶人 4.18 亿人。

道路建设速度令世界瞩目的同时，道路交通事故所带来的伤害也不容忽视。

自 1899 年纽约发生第一例因车祸致死案后，全世界死于交通事故的人数至今已达数千万人。近年来，全世界每年死于车祸者可能多达 300 万人。道路交通事故的经济损失在低收入国家中约占 GPT 的 1%，中度收入国家约占 1.5%，高收入国家约占 2%。

中国的交通事故死亡人数居世界第一，每年在 10 万人左右，平均每天死亡约 300 人。

由于相关预防措施取得了积极的效果，使得我国道路交通事故总数和死亡人数明显下降，但万车死亡率、10 万人口死亡率同国际交通安全状况良好的部分国家相比，仍存在较大差距。

如果说道路交通事故总数偏高和我国庞大的机动车保有量有关，但能代表道路交通安全综合水平的事故死亡率和十万人口死亡率，普遍高于西方发达国家和部分亚洲国家，却让人难以理解。

在较长一段时期内，我国道路交通管理提倡"安全"和"畅通"，其中"畅通"是重点工作，一定程度上忽略了"安全"的重要性。

2003 年颁布实施的首部《中华人民共和国道路交通安全法》，经过 2006 年和 2011 年两次修订，逐渐弥补了我国道路交通安全方面法律法规的缺失。但仍旧面临着预防机制不健全、措施流于形式、缺乏配套法规支撑等问题。

当前，交通管理部门的交通安全管理工作仍然处于依赖工作经验、忽视技术水平的层面；管理部门仍然存在思想陈旧、观念保守、管理办法滞后、管理手段科技含量低的问题，这就导致管理部门难以适应时代的发展要求。

随着我国经济持续高速发展，城市规模不断扩大，对于交通的需求也日益增加，但是与之不匹配的是我国目前的交通安全设施不完善、平面混合交通的通行模式暂时难以改变，参与交通的公民安全意识、交通规则意识较为淡薄。交通管理部门有编制的人员少，交警警力不足，不得不雇用编外人员，这就导致执法队伍鱼龙混杂、执法人员素质良莠不齐。由于缺少经费，交警部门装备、设施较少，这些都直接影响着交通管理的效率与质量。

3.2.3　常见交通事故的形成原因

随着经济社会的发展，机动车保有量不断增加，交通事故的发生也呈逐年上升趋势。造成交通事故的原因，除了外在客观因素，如道路、车辆等之外，还有行为人自身的因素。常见的交通事故原因有以下几种。

（1）恶劣天气

恶劣天气给道路交通安全管理工作带来极大隐患，如疏于管理，就容易酿成重特大恶性交通事故。雨、雪、雾、扬沙等恶劣天气及路面结冰，都会不同程度地对公路交通产生直接影响。

雨天公路路段局部会有积水，雨中行车容易出现"水滑"现象，摩擦系数降低，而且行车视线和路面标线比较模糊，这些都是重大事故隐患。

雪天行车，飘洒的雪花使驾驶人视线受到影响，路面积雪阻碍正常行车；雪停后，阳光强烈反射容易导致目眩，造成驾驶人视力疲劳，影响安全行驶。冰雪天路面结冰，轮胎附着系数降至最低，致使车辆不具有抵抗侧向力的足够能力，很难保证平衡，导致车辆侧滑、甩尾、调头，失去控制。

雾天能见度下降，行车视距缩短，驾驶人对可变情况、标志标线及其他交通安全设施辨别不清，前后车辆的最短安全间距无法保证，驾驶人的观察和判断能力受到严重影响，极易引发连锁追尾多车相撞、群死群伤的重特大交通事故。

（2）车况不佳

车辆技术状况不良，尤其是制动系统、转向系统、前桥、后桥有故障，没有及时检查、维修。这类原因造成的事故是比较容易避免的，只需加强车辆日常维护检修即可。此外，还有一种突发的不可控的车况不佳，如汽车行驶途中轮胎压到尖锐物体，导致汽车爆胎或者是漏气，就很有可能造成汽车方向跑偏，继而引发交通事故。

（3）心理因素或疏忽大意

美国学者曾对近400名肇事司机进行调查，发现其中80%的司机在发生车祸前6小时内受到过强烈刺激。如果司机本身的思想情绪处于苦恼、忧虑、激动时，会产生心理混乱、精力分散、反应迟缓、措施不当等不良表现。

还有一些司机是因为依靠自己的主观想象判断事务或者过高估计自己的技术，过分自信，对前方、左右车辆、行人形态、道路情况等，未判断清楚就盲目通行，结果导致了事故的发生。

（4）疾病或药物因素

医学研究表明，患糖尿病或癫痫病的驾驶员，发生车祸的危险性很高。这是因为糖尿病患者常会发生低血糖，可致一时性眩晕。而癫痫病的危险性更是可见的。

服感冒药后开车相对比较危险。因为感冒药内大多含有催眠成分。据学者调查表明，有11%的司机发生车祸与服镇静药、安眠药、止痛药等有关。这类药物可引起嗜睡、注意力分散、视野缩小或模糊等。

（5）驾驶能力低，操作失误

驾驶能力高低是由合格的培训和长期驾驶经验积累综合作用所致，主要包含车感、判断力、应变力等方面。车感是驾驶员准确掌控车辆尺寸和运行参数的一种直觉表现，是在空间狭小、密度较高的城市中，避免微小事故的保证；判断力是驾驶员对车速、车距、行人的一种辨识力，判断力的高低直接影响着车辆操作的合理性。应变力主要体现为危机情况的处理能力，拥有良好的应变力是驾驶员在危急情况时转危为安的重要保障。

驾驶车辆的人员技术不熟练，经验不足，缺乏安全行车常识，未掌握复杂道路行车的特点，遇有突然情况惊慌失措、发生操作错误等，都容易导致车祸。如停车不拉手刹造成溜车，开关车门未观察其他车辆、行人，因未保持安全距离与牵扯追尾等，都可看作操作失误。

（6）违反规定

当事人由于不按交通法规和其他交通安全规定行车或者走路，致使交通事故发生。例如，酒后开车、非驾驶人员开车、超速行驶、违反交通信号指示、争道抢行、货运超载、违章装载、超员、疲劳驾驶、行人不走人行横道等原因造成交通违法的交通事故。

世界卫生组织的事故调查显示，50%～60%的交通事故与酒后驾驶有关，酒后驾驶已经被列为车祸致死的主要原因。喝酒时酒精的刺激使人兴奋，在不知不觉中就会饮酒过量，当酒精在人体血液内达到一定浓度时，人对外界的反应能力及控制能力就会下降，处理紧急情况的能力也随之下降。对于酒后驾车者而言，其血液中酒精含量越高，发生交通事故的概率越大。

驾驶人睡眠质量差或不足，长时间驾驶车辆，容易出现疲劳。驾驶疲劳会影响到驾驶人的注意、感觉、知觉、思维、判断、意志、决定和运动等诸方面。疲劳后继续驾驶车辆，注意力不集中，判断能力下降，甚至会出现精神恍惚或瞬间记忆消失、动作迟误或过早、操作停顿或修正时间不当等不安全因素，极易发生道路交通事故。

　　超载也会导致交通事故发生。由于超载，车辆控制能力降低，容易导致交通事故发生。同时超载会对公路造成破坏，而且核定载重量越大的车辆，超载对公路的破坏越严重。

　　近年来，手机也成了交通事故的杀手。开车使用手机会分散驾驶人的注意力，影响反应速度和行车安全。

　　此外，改革开放以来，我国道路工程建设方面，如规划管理、设计、工程、制造、科研等方面取得了很大进步，具有一定的国际竞争力。但我国中低等级公路繁多，尤其是低等级及等外级路总里程数巨大，使得我国道路工程建设整体水平不高。虽然由于道路工程建设缺陷直接导致的事故总数相对较少，但仅有的几次事故均较为惨烈，负面影响巨大。因此，道路工程建设与工程质量也值得关注。

3.2.4　交通事故的防范

　　交通是经济发展的基础，是经济社会活动中最活跃的因素，与居民的生活息息相关。伴随着经济社会的飞速发展、城市化的快速推进及机动化程度的迅速发展，道路交通需求显著增加，道路交通安全问题日益凸显。据统计，从第一起交通事故发生至今，全球死于交通事故的总人数已超过同期战争导致的死亡人数；目前全球每天有 3000 余人，每年有近 130 万人死于道路交通事故，另有 2000 万～ 5000 万人因道路交通事故引发的碰撞而受伤或致残。与此同时，日益严重的道路交通事故不仅严重威胁着人们的生命健康，而且造成巨大经济损失，极大消耗着社会财产。全球每年交通事故造成的经济损失占世界各国国民生产总值的 1%～ 3%。

　　每年累计交通伤害的损失估值约 180 亿美元，总计高达 5000 多亿美元。人们越来越认识到，道路交通安全已成为一个全球性的社会问题。科学有效地实施道路交通安全管理，预防并减少道路交通事故，已成为当今必须认真面对和努力解决的问题。

（1）全民参与安全宣传教育

20世纪60年代，处在第一次工业革命尾声的英国，机动车保有量急增、立法执法不力、车辆道路等级不高等情况，一度使英国交通瘫痪。英国政府整合相关部门的职责后，经过一系列行之有效的改革，道路交通事故预防效果初见成效。伦敦奥运会对于道路交通事故预防的推动起了不小的作用。2000年，英国政府提出了一个名为"让每个人都安全的道路"的计划。该计划打破原有体制限制，通过全民参与安全宣传教育的举措，淡化政府在事故预防中的监管角色，公民互相监督，全民自发完成道路安全意识传播。实现道路交通安全数据比20世纪90年代平均减少50%，使交通安全状况由内变好。

随着我国经济建设的飞速发展，道路交通安全状况日渐堪忧，道路交通延伸到社会的各个领域，交通安全关乎每个人的切身利益。交通安全教育，是让广大的交通参与者首先要认识交通法规、了解交通法规，懂得遵守交通法规对自己及他人生命财产安全的重要意义，在全社会形成人人学法规、人人懂法规的良好局面。

（2）严格驾驶员培训考核制度

有许多交通事故的发生是由于驾驶员素质不合格造成的。因此，有必要严格驾驶员体检制度。驾驶培训机构应用先进的驾驶模拟设备，对驾驶人进行系统性的危险感知训练，提高驾驶员在复杂道路上处理突发情况的能力，增加处理情况的经验，培养安全型驾驶人。加强驾驶员安全警示教育，让驾驶员在毕业之前，组织观看一些交通警示片，让驾驶员们深切感受交通事故给自己和他人带来的伤害，心中常备安全这根弦。

（3）建立健全法规体系，依法预防交通事故

健全的交通法规体系会给行人和驾驶员创造更轻松的心理状态。目前，我国交通安全法规相比发达国家还有待完善。2011年，我国新修订了《中华人民共和国道路交通安全法》，加大了对驾驶员违章行车的处罚力度，交通状况有了明显改善。当前还需要明确法规条款和处罚的内容，加大对行人违法行为的打击力度和惩罚力度。

要加大交通监管力度。交管部门对发现的违法违规行为，绝不姑息；同时在道路上增加警力进行巡查，不仅能对事故苗头进行有效遏制，而且交通参与者还会因此自觉加强自身遵守交通法规的意识。

对由于交通管理者失职造成交通事故的责任认定，我国法规尚未健全。应考虑设立专门的法规，把交通管理者的失职纳入惩处范围之内，充分调动他们的积极性。

（4）优化道路设计，消除安全隐患

大量的事故资料和研究表明，道路的安全水平与道路条件存在密切关系，研究认为大约20%的交通事故是因为道路条件引起。统计资料表明，一些道路在建成通车后，某些路段道路交通事故频发，根本原因是由于设计、规划的不合理。因此，在设计、规划阶段就要详细论证，切实将导致交通事故发生的因素剔除。

道路在投入使用一段时间后，会出现裂缝、坑槽、麻面、沉陷和胀起等情况，导致路面质量下降，车辆在这样的道路上行驶极易发生危险。加强对路面的养护，保证道路质量，保持路面完好也是一项非常重要的工作。

（5）科学管理城市交通

科学地组织与管理好城市交通，合理地做好城市的宏观控制和交通管理规划，均衡地利用路网上一切可以利用的道路，减轻城市主干线及主要交通枢纽的交通流量，有利于对交通流实行空间与时间的分离和隔离，减少冲突，保证交通安全。

要不断加大对交通安全管理的资金支持和科学研究投入，并注重对人才的培养。要充分利用现代化信息技术手段，增加高科技投入，促进交通管理工作效率提升，充分发挥高科技在交通事故中的预防作用，提高交通安全工作的管控范围。

要对交通安全管理人员定期进行培训，提高交警交通管理的水平和解决事故的能力。要加强交通安全管理的人员数量，从而扩大交通管理的范围，减少工作中的漏洞。对于违反交通规章制度的交警要严格惩罚，营造严厉管理的氛围，对道路的驾驶员和行人起到一定的警示作用，使其能够依法驾驶、依规章制度行路。

3.3 生命线系统事故

3.3.1 生命线系统事故概述

关于城市生命线系统的概念，由于研究侧重点有所不同，其内涵和外延也有所差别。1971 年，美国发生了圣弗尔南多地震，加利福尼亚大学杜克教授考察了灾区的电力、煤气、给排水、交通和通信等系统后，提出了生命线的概念，认为生命线是物质能量和信息传输系统，包括运输系统、水系统、通信系统和能源系统等。

我国《工程抗震术语标准》（JGJ/T 97—2011）将生命线工程定义为维系城市与区域的经济、社会功能的基础性工程设施与系统，主要包括交通、电力、通信、给排水、燃气热力、供油等系统。

城市生命线系统是维系城市和区域社会经济发展的基础性设施，是城市安全的重要保障，是城市功能充分发挥的重要条件之一。

城市生命线工程涉及信息传播、给排水、能源动力等工程系统，每个工程系统构成极其复杂，分为地上和地下两种工程或者非工程，每个生命线子系统若遭受外界干扰，其他生命线子系统也会不同程度造成损坏。因此，生命线是一个复杂的巨系统，具有公共性高、关联性强、风险性大的特点。生命线系统一般由多种系统或者工程结构组成，其中每一个子系统又包含不同的建筑组成及设施构件，它们在空间上纵横交错、在功能上互相依存，形成一个高度复杂的网络系统。

不论城市大小，现代城市对于地下生命线的稳定运行都具有极大的依赖性。因为城市地下生命线具有不可进入性和不可见性，日常检测、维护和维修极为困难，出现故障后也常常因为修复不及时而导致更加严重的二次危害。

城市生命线工程是城市基础设施的关键组成部分，为城市居民正常生活提供便利，保障城市基本机能正常运转。城市每天正常运转需要生命线工程输入大量的所需物质。如果生命线工程遭受破坏，城市居民的正常生活乃至社会经济发展将遭受不同程度的影响。例如，供水和供电系统被破坏时，会引发城市居民不同程度的恐慌，极其严重情况下可能会引起社会不安。如果在短时间内不能消除这种不安，极易降低民众的生活幸福感。

在全球气候变暖及水资源、食物和能源短缺的当下，中国的城市化率不断增长，资源自给率受到重大挑战，加强城市生命线的安全管理，有效提高城市生命线的安全性、可靠性和可用性，减少生命线系统事故，显得尤为重要和紧迫。

3.3.2　生命线系统事故现状

改革开放后，经过 40 多年的快速发展，我国城市的建成区面积扩大 7.3 倍，城市人口迅速增长，生产、物流、运输和废物排放的规模也相应扩大。这导致城市公路、桥梁、铁路、供水管网、排水管网、污水管网和轨道交通等城市生命线系统变得愈加复杂，加上供水管网、排水管网、热力管网、桥梁和电梯等城市生命线设施逐渐老化，使得城区频繁出现交通拥堵、环境污染、路面塌陷、燃气泄漏、供水爆管等一系列"城市问题"，给城市管理和经济社会发展带来很大挑战。城市生命线更新改造的需求日益明显。

目前，我国城镇常住人口已超过 9 亿人，给城市生命线设施的正常运转带来极大压力，很多设施处于超负荷状态。再加上材料和结构的性能老化，腐蚀和反复荷载出现疲劳或蜕化，城市生命线设施面临非常严重的安全风险挑战，极易发生燃气爆炸、桥梁垮塌、暴雨内涝、突发性爆管、大面积停水停电等城市公共安全事件。

我国许多城市在迅速扩建过程中，新老地下管线混杂，不少已年久失修，仅北京市各类地下管线的总长度已超过 1 万千米。历史上，"动乱"时期铺设的地下管网往往档案不全，底数不清，在旧城改造施工中经常发生野蛮施工挖断管线的事故。

以北京市为例。由于北京市早期公共基础设施的规划建设对于防灾基础设施的重视不够，城市规划建设与管理过程中更加注重制造业、商业、房地产业等经济发展的需要，导致防灾基础设施"历史欠账"较多。以消防基础设施的建设为例，虽然经过多年的努力，目前距离《城市消防站建设标准》的消防车配备标准依旧存在很大的差距；北京市消防基础设施的建设数量、消防力量与伦敦、巴黎等城市还存在很大的差距。此外，在规划建设中没有重点考虑灾害因素和城市安全，防灾基础设施的规划及建设在空间发展中具有一定的盲目性，部分已建成的设施空间布局不平衡，凌乱且分散。北京市城乡接合部使用的地下排水管道还是20世纪80年代建成的，老化严重，近年来洪涝灾害不断。

目前，北京市燃气管线每年漏气100起以上，其中1/2是由施工挖漏、挖断等人为因素所致；每年都会发生10起以上燃气火灾与爆炸事故；生活电缆被挖断的事故几乎周周发生……

在我国，城市基础设施建设在很多城市是薄弱环节，并且正处于大规模发展、建设与完善中。设备陈旧与超载、建设施工故障与事故、运行故障和人为事故等，都给城市生命线带来了风险。据不完全统计，全国每年仅因施工而引发的生命线管线造成的经济损失就达450亿元。因此，如何保证作为城市大动脉的生命线系统的安全，是城市治理者在规划、建设时需要首先考虑的问题。

目前，我国城市生命线系统的主要问题是，在应对突发事件时表现出脆弱性和不完善性，主要体现在应急弹性容量不足，未能完善应急机制，缺乏系统规划等。

3.3.3 常见的生命线系统事故形成原因

城市生命线系统发生事故有人为原因，也有自然原因。在自然原因中，地震是对城市生命线破坏最严重的原生灾害。但地震在大多数城市发生的概率很低，对城市生命线影响更经常的是气象灾害。气象灾害对不同类型生命线系统的影响和可能引发的次生、衍生灾害都有所不同。下面主要讨论人为原因造成的生命线系统事故。

（1）燃气事故的主要原因

导致燃气管道泄漏及破裂事故的主要原因有内外腐蚀、机械故障及施工缺陷、自然灾害、人为破坏等。我国城市燃气管道服役时间较长，施工质量受年代影响而参差不齐，部分管道已超出使用年限，存在燃气管道设备设施老化现象。老化的管道自身强度、硬度与防腐能力下降，易受到周围环境影响造成管道破损而引发燃气管道泄漏。

燃气企业自身安全管理措施存在漏洞，缺乏抢险应急专业技术和专业设备；岗位操作人员培训不到位，规章制度、操作规程建立不完善，应急预案编制缺乏可操作性，出现事故征兆时没有及时组织相应专业人员、技术和设备抢险，缺乏应对灾害的能力。燃气企业一线操作人员安全意识淡薄、违规违章操作、现场安全措施缺乏，燃气用户不熟悉安全使用常识等，也是造成燃气事故的常见原因。

此外，地下工程未经探勘野蛮施工，燃气管道上违章建筑占压管线，个别人对燃气设施的破坏，无资质施工单位私自拆改户内燃气设施等其他原因对燃气供气系统的破坏，也容易引发事故。

（2）用电安全事故的主要原因

城市由于内部空间有限，电缆主要分布于地下。城市地下电缆担负着两个主要功能：能源传输和信息传送，分别被称为电力电缆和电信电缆。

导致电力电缆故障的主要原因是过载、绝缘受潮或老化、机械损伤和设计缺陷。电信电缆是信息有线传输的生命线，每年都有两位数的增长。电信电缆也是依赖电信号来传递信息，只是电压相比于电力电缆要低得多。它们主要的风险因素是第三方破坏及腐蚀老化。

最常见的用电安全事故是触电事故。主要原因是：电气线路、设备安装不符合安全要求；非电工任意处理电气事务；移动长、高金属物体碰触电源线、配电柜及其他带电体；操作漏电的机器设备或使用漏电电动工具；电动工具电源线破损或松动；电焊作业者穿背心、短裤，不穿绝缘鞋；汗水浸透手套；焊钳误碰自身；湿手操作机器开关、按钮等；临时线使用或管理不善；配电设备、架空线路、电缆、开关、配电箱等电气设备，在长期使用中受高温、高湿、粉尘、碾压、摩擦、腐蚀等，使电气绝缘损坏，接地或接零保护不良而导致漏电；接线盒或插头座不合格或损坏等。

（3）供水事故的主要原因

目前，导致城市供水突发事件发生的常见诱因有水源地水质污染、供排水运输管网故障或水厂供水量不足等。

引发城市供水事故的因素分为客观因素和主观因素两类。

客观因素主要指非人为因素，存在于城市供水系统硬件设备（如水厂供水设备、供排水管网等）中，隐藏在城市供水系统中的不安全因素，是导致突发事件产生的直接原因，如供排水管道老化裂开、取供水设备损坏等。

城市给排水系统是现代化城市最重要的基础设施之一。给水管网出现故障的原因主要是腐蚀、管内压力不均、地面沉降等。给水管网的内外壁都会出现腐蚀现象，不仅缩短管道寿命，而且影响水质，甚至影响城市的供水。

主观因素主要指人的因素。一方面，自社会体制改革以来，经济快速发展，改革进程中受益群体不同，贫富差距日益扩大，许多社会中深层次的矛盾和问题逐渐明显，个别人员的心态失衡、行为失常，可能通过采取过激的不法行为发泄，造成对城市供水设备的破坏，影响整个城市供水系统的正常运转；另一方面，由供水公司工作人员在工作中的疏忽或失误而引起的城市供水突发事件。

3.3.4　生命线系统事故的防范

在很多人看来，生命线系统事故的应对就是应急处置和救援。但是，《中华人民共和国突发事件应对法》第四条规定："突发事件应对工作实行预防为主、预防与应急相结合的原则。"也就是说，从法律的结构体系和内容上，《中华人民共和国突发事件应对法》都明确了我国突发事件应对的原则是预防为主，即关口前移，应该把重点用在预防与应急准备、监测与预警上。力求做好突发事件的预防工作，及时消除危险因素，避免那些可以避免的突发事件的发生。同时只要是在常态下做好了充分准备，一旦突发事件发生后，相关方面也能够及时有效的应对，从而将各方面的损失都降到最低。

（1）建立灾害应急预案，落实安全责任

城市管线安全灾害引发的事故具有突发性，必须提前制定应急预案，建立有效的应对工作机制，特别是应急预案的制定与执行，及时预报、预警、处置。灾害应急预案应具有针对性、可操作性，协同应对，确保安全，一旦发生灾害，立即启动预案，并严格落实执行。

例如，发生停电事件后，地方政府和有关部门应立即组织应急救援与处置。对停电后易发生人身伤害及财产损失的用户要及时启动预案，按照有关技术要求迅速启动保安电源，避免造成更大损失。公共场所发生大面积停电事件，要保证安全通道畅通，启动应急预案，保证人员安全并组织有序疏散。

加强制度建设，严格落实安全责任也是非常重要的。以强化燃气安全管理为例，需要加强燃气行业管理部门的监管职责，落实责任。制定安全管理体系，层层落实安全责任制，培养树立安全观念和意识。科学制定规划和管理燃气设施，避免安全距离不够。燃气管网资料一定要到规划、档案部门备案，避免因盲目野蛮施工受到破坏或违章占压。

燃气企业应建立健全规章制度并严格贯彻落实，包括操作规程、岗位责任制、应急预案、消防演练记录、巡检、运行和设备检查维修记录、各种台账档案等。通过培训、学习、桌面推演、实际演练等多种形式贯彻落实，消除安全隐患，加强应急处置能力。

（2）建立和完善城市生命线安全监测系统

城市生命线工程安全运行监测系统是以预防燃气爆炸、桥梁垮塌、路面坍塌、内涝、轨道交通事故、电梯安全事故、大面积停水停气等影响范围大的公共安全事故为目标而建设的针对城市基础设施安全运行的监测系统。监测系统以公共安全科技为支撑，融合物联网、云计算、大数据、GIS等现代信息技术，透彻感知城市生命线运行状况，分析城市生命线各子要素风险及相互耦合关系，实现城市生命线风险的及时感知、早期预警和高效应对。

例如，为了确保燃气安全，要做好日常的健康监测诊断工作。开展地下管道普查，建设信息管理系统，普查工作既要查清地下管道的排布情况，也要对存在安全隐患的管道进行排查。对多数气密性试压实验中发现泄漏的埋地管道，要采取埋设新管线的措施，以确保实现快速供气。日常的健康监测诊断，对生命线系统正常运行及非常态运行的可靠性判定十分必要。

（3）强督促检查和治理，加强宣传工作

强督促检查和治理力度，各级政府应定期或不定期开展督促检查。深入基层，深入现场，开展除险加固和隐患治理工作，落实好资金、人员、物资和设备，落实好应急处理时效和时限。

维护城市安全，减轻灾害损失，完善的城市生命线系统是必不可缺失的基础，城市安全最终是以实现人的全面发展为目的的，维护城市安全离不开广大城市居民的共同参与、共同行动。因此，城市政府应通过新闻媒体、学校、社区等广泛宣传抗灾减灾知识，提高民众灾害意识和灾害自救能力，形成全社会灾害安全文化，减轻灾害损失。

要加强宣传工作，使民众了解城市管线（生命线）系统安全引发灾害和应对措施。针对不同层次、不同群体、不同年龄的用户和潜在用户，用通俗易懂的文字进行讲述。通过各种途径，向市民宣传灾害预防预警和应急措施。民众发现事故或隐患，应立即向企业报警，争取尽早处置。当出现灾害时，不慌乱，统一应对，使灾害造成的损失降到最低。

（4）提高管理水平，完善城市生命线系统安全保障体制

城市生命线系统安全是一项系统工程，需要依靠立法、行政、教育、工程技术和管理等多种手段进行综合管理。其具有跨部门、跨行业的特征，包括部门分工、基础设施建设、资源整合、配置与调度等。因此，有必要在现有体制的基础上建立更高层次的领导和协调机制，实现制度创新，完善统筹应急体制。

做到事前加强设施建设和防范工作；事中可以根据灾情动员和整合社会力量，做好抗灾救灾工作；事后能迅速组织灾后抢修和恢复重建工作。

（5）保障资金投入，强化工程质量

充足的资金投入，是城市生命线系统正常运行的必备条件之一，城市基础设施建设在整个城市建设中具有先导地位，要优先于其他工程而建设。

很多城市的生命线系统建设不完善，安全等级水平不高。例如，一些发展水平较低的城市，城市道路质量、建构筑物防火能力、管道抗压能力、火灾智能监控等方面表现出材料易老化、破损等质量问题，降低了城市生命线系统的安全性及抵御灾害的能力。

3.4 火灾事故

3.4.1 火灾事故概述

火灾是在时间或空间上失去控制的燃烧。在各种灾害中，火灾是最经常、最普遍地威胁公众安全和社会发展的主要灾害之一。

（1）火灾的类型

根据可燃物的类型和燃烧特性，火灾分为 A、B、C、D、E、F 6 类。

A 类火灾：指固体物质火灾。这种物质通常具有有机物质性质，一般在燃烧时能产生灼热的余烬，如木材、干草、煤炭、棉、毛、麻、纸张等火灾。

B 类火灾：指液体或可熔化的固体物质火灾，如煤油、柴油、原油、甲醇、乙醇、沥青、石蜡、塑料等火灾。

C 类火灾：指气体火灾，如煤气、天然气、甲烷、乙烷、丙烷、氢气等火灾。

D 类火灾：指金属火灾，如钾、钠、镁、钛、锆、锂、铝镁合金等火灾。

E 类火灾：指带电火灾，物体带电燃烧的火灾。

F 类火灾：指烹饪器具内的烹饪物（如动植物油脂）火灾。

（2）火灾的等级

1996 年由公安部、劳动部、国家统计局联合颁布的《火灾统计管理规定》，将火灾事故分为特大火灾、重大火灾和一般火灾 3 个等级。

根据 2007 年 6 月 26 日公安部下发的《关于调整火灾等级标准的通知》，新的火灾等级标准由原来的 3 个等级调整为特别重大火灾、重大火灾、较大火灾和一般火灾 4 个等级。

特别重大火灾：指造成 30 人以上死亡，或者 100 人以上重伤，或者 1 亿元以上直接财产损失的火灾。

重大火灾：指造成 10 人以上 30 人以下死亡，或者 50 人以上 100 人以下重伤，或者 5000 万元以上 1 亿元以下直接财产损失的火灾。

较大火灾：指造成 3 人以上 10 人以下死亡，或者 10 人以上 50 人以下重伤，或者 1000 万元以上 5000 万元以下直接财产损失的火灾。

一般火灾：指造成 3 人以下死亡，或者 10 人以下重伤，或者 1000 万元以下直接财产损失的火灾。

注："以上"包括本数，"以下"不包括本数。

（3）火灾事故的特点

火灾事故的发生、发展、蔓延、扩大，以致造成灾害后果是非常复杂的过程，是一系列人、事、物、环境等与失控燃烧之间的相互作用和反应。对于火灾事故，即使通过细致科学全面的调查，还会有很多不能解释的疑点，人们还不能完全掌握其发生发展规律。这使得火灾事故的发生具有随机性，即火灾事故是一种偶然的、随机的事件。

火灾事故尚未发生或尚未造成后果的时候，似乎一切都处于正常和平静的状态。但是只要火灾隐患没有消除，事故就存在发生的可能。火灾事故具有随机性特征，火灾事故发生的时间、地点、造成的损失都是不明确的、难以预测的。

发生火灾事故的场所是人造系统，这为预防火灾事故提供了基本前提。所以，火灾事故从理论上和客观上讲都是可预防的。此外，火灾事故的发生和发展是有规律的，只要按照科学的方法和严谨的态度进行分析并积极做好有关预防工作，很多火灾事故也是能避免的。

3.4.2 我国火灾事故现状

随着经济建设的快速发展，物质财富的急剧增多和新能源、新材料、新设备的广泛开发利用，以及城市建设规模的不断扩大和人民物质文化生活水平的提高，火灾发生的频率越来越高，造成的损失越来越大。

电力是当前人类社会发展的重要能源，电力的出现改变了人们传统的工作、生活及生产方式，带来便捷性的同时也提高了社会生产力，但是也具有一定的危险性，如短路、电缆温度过高、电气设备过载等都会形成燃烧隐患。而且现代社会中的火灾具有一定的突发性，其主要原因是很多电气设备由于长时间的使用出现老化等问题，存在隐性燃烧情况，当发现时为时已晚，给火灾的提前预防带来了极大难度。

随着我国基础建设的不断深入，建筑的功能性在不断拓展，更好地满足居民需求的同时，也增加了火灾救援难度。例如，很多城市中居民数量增加导致土地空间不足，为了提高土地利用效率，不断增加建筑的垂直高度。我国每年新增建筑面积高达 130 亿平方米，高层建筑数量在 62 万座以上。

高层建筑的高度使得消防救援人员和消防车难以"触及"，而且由于建筑中易燃物及电气设备数量较多、较复杂，使得火灾救援人员需要先针对建筑情况进行分析再逐步进行扑灭，以免由于触电等连锁反应造成更大的损失。这增加了救援难度，影响了救援效率，加大了火灾事故的风险。

随着城市化脚步的加快，城中村数量不断加大，其消防隐患问题也随之而来。在城中村的建设过程中，缺少整体的规划管理，建设人员忽视了消防安全的重要性，没有将其建设规划纳入实际的建筑设计中，尤其是当前城中村为了追求经济效益，无视相关城市建设规定管理，导致整体布局存在消防缺陷，安全问题严重。同时，城中村中大部分建筑属于村民自行筹建，未经消防等部门审核，甚至随意修改设计等，建筑本身存在大量的安全隐患，导致先天火灾隐患较多。

当火灾发生时，人们由于恐惧心理及日常缺少消防演练，急于逃生从而慌不择路，没有按照火灾毒气蔓延发展规律进行躲避，而且也没能根据所处地区的实际情况进行初步预判，所以火势没能得到有效控制，因此造成的生命及财产伤害性也较大。

20 世纪 80 年代，我国共发生火灾约 37.6 万起，死亡 18 644 人，直接经济损失约 32.2 亿元；90 年代，我国共发生火灾约 62.9 万起，死亡 23 715 人，直接经济损失约 96.6 亿元。

进入 21 世纪，我国每年接到的火灾火情报警约 30 万起，伤亡人数高达数千人。例如，2015—2019 年，全国共发生火灾 145.2 万起（其中，较大以上火灾 408 起），死亡 7723 人，受伤 4927 人，直接财产损失 198.7 亿元。其中，电气火灾 49.8 万余起，共造成 2795 人死亡，1809 人受伤，直接经济损失 88.9 亿元。因此，我国火灾事故防范，或者说是消防安全管理面临着极其严峻的形势。

3.4.3 常见的火灾事故形成原因

火灾事故是具有相互联系的多种因素共同作用的结果。火灾事故的发生可以归结为人的不安全行为、物的不安全状态、安全管理的缺陷及对意外事件的处理不当等多个原因。火灾事故的原因是客观存在的，了解因果性对于调查火灾事故和预防火灾事故具有积极的作用。

根据火灾数据分析，在日常生活中，绝大多数的火灾都是吸烟、用火用电不慎、违反安全规定操作等人为因素引发的。从政府管理的角度来看，常见火灾事故形成的主要原因有以下几个方面。

（1）消防设计不合理，消防施工验收不到位

建筑从设计阶段到工程开始施工，包含的环节非常多，并且各个环节都具有较高的要求，然而由于各种客观和主观因素的影响，导致一些建筑在防火分区、隐蔽工程、防火材料使用、分隔措施等过程中，经常会出现一些使用大量可燃性材料之类的先天性的火灾隐患。

在实际建设过程中，对高层建筑物内部各类消防安全设备的封堵施工没有进行严格的控制，这些问题都可能导致消防装置在使用时发生故障。在建筑内

部设置防火分区时，隐藏工程的建筑材料不能满足消防安全设计要求。一旦消防部门忽略了隐蔽工程材料质量的验收环节，就会加大先天性火灾事故发生的概率。

（2）消防设备管理水平不足

现阶段，我国高层住宅建筑的消防安全管理，都是由物业公司来负责的，很难保证消防通道内不放个人物品；而且很少配备专职消防管理人员。物业公司在小区内部安设的保安人员也只是一些具备简单知识的中老年人，而且物业公司的人员流动量非常大，许多员工经常在未经有效培训的情况下开始工作。因此，他们缺乏消防安全和防火知识，各类消防灭火设备使用技能尚不清楚，而且也缺乏相关的实践经验。当建筑发生火灾事故时，无法及时有效地进行扑救工作，这在很大程度上降低了消防安全管理工作的质量。

（3）生产销售、工程建设和使用环节的监管不完善

对电气领域生产销售环节监管不到位。对无证小企业非法生产的电气产品、跨地区销售和厂家直销的电气产品质量监管力度不大，追踪查处打击乏力。对小门店、小建材店销售的电气产品监督抽查频次不高，产品质量合格率较低。

施工进场的电气产品质量目前由施工单位具体负责，建设主管部门没有进行实质性监督；工程竣工验收阶段，建设部门一般仅对申请文件、纸质资料进行形式审查，而对电气工程施工质量不再进行检验，对电气线路也不再进行全负荷状态下的检测。对电气施工质量检查也只是举报投诉查处，缺少一致性抽查核查。对规模小、不需要取得施工许可的二次装修工程，大多由资质不合规、电工未持证的"装修游击队"承揽。

电力系统政企分开后，缺少类似燃气企业"服务到终端"的入户管理制度，居民区物业管理尚无法律依据开展用电安全管理，职责不明确。应急、消防部门在对单位开展监督检查时，由于缺乏专业的技术和力量，检查不系统、深度不够。

（4）高层建筑用户消防安全意识薄弱

除了用于住宅的高层建筑之外，还有一些高层建筑物是人们用于日常办公、聚餐、娱乐等活动的功能型高层建筑物，所以一栋高层建筑内会有很多家单位共同使用，这就在很大程度上增加了建筑内部的人员流动量，人员的素质参差不齐，消防安全意识也不尽相同。此外，在员工消防安全教育和培训中，许多单位没有给予足够的重视，也会致使员工消防安全意识不强。火灾事故发生后，不知道如何有效扑救，对自身的生命安全造成了很大的威胁。

（5）农村火灾诱因多，消防力量弱

因为环境和地形都非常复杂，广大农村地区存在很大的火灾隐患。例如，农村房屋大多是土木、砖木、石木结构，同时在房屋前后多堆积易燃柴草，可燃物比较多，如果发生火灾，救援工作很难开展，容易造成大的损失。在广大农村，农民多使用柴灶做饭、取暖，从而大大增加了火灾隐患。另外，许多农村还存在焚烧纸钱的陋习，增加了火灾的风险。农民生活水平提高以后，家用电器使用率明显提高，家用电器使用不当造成的火灾风险大大增加。

尽管有些经济较为发达的农村已加强了消防基础设施建设，但绝大多数农村的消防设施建设普遍存在布局不合理、设施不齐全、消防水源不足等问题，导致在火灾发生后不能及时有效地扑救，等消防人员到达现场后一切都已经晚了。同时，农民缺乏应有的火灾预防意识，没有预防火灾的习惯。

3.4.4 火灾事故的防范

火灾事故的处置和应对，不仅仅是事故发生后的消防灭火，重点更在于加强消防安全宣传教育，加强消防安全知识培训和演练，把消防安全工作作为第一要务，做到"安全第一，预防为主"，从源头上减少火灾事故的发生。退一步说，万一发生事故，能够及时采取积极有效的补救措施。

（1）严控消防设备的设计质量，加强验收检查

在进行高层建筑设计时，要认真考虑建筑消防安全问题，做好防火设计。尤其要对高层建筑工程的消防设计负责任。承担该项目的施工单位必须严格按

照防火设计图纸进行施工。

做好消防设备验收工作也是一个非常重要的环节。必须严格控制批准程序，对没有通过消防安全审核及没有通过消防验收的建筑，一律不得投入使用。相关消防部门，要对建筑工程的耐火设计等级、疏散通道设计、消防车通道设计、防火分区设计、消防设施质量等方面的内容进行严格的审查，并做好验收工作。

（2）加强防火监督检查，定期完善和更新消防设施

各地区、各部门、各单位要按照《中华人民共和国消防法》要求，认真组织检查，以确保消防安全责任和安全管理制度是否落实，消防设备设施和火灾防范措施到位。机关、团体、企业、事业等单位对建筑消防设施每年至少进行一次全面检测，确保完好有效。

各级公安、安监等执法部门要认真履行职责，加大联合执法力度，依法查处各类消防违法行为，对不具备消防安全条件的场所，经检查发现不能立即整改的，依法责令停产停业。对建筑工地，要督促建立施工现场消防安全制度，落实用火、用电、易燃可燃材料等消防管理制度和操作规程，保障施工现场具备消防安全条件，切实消除火灾隐患。同时，要针对高层建筑、地下工程、石油化工等特殊火灾的防控，进一步修订完善应急预案，配足配齐相关消防装备，加强技能战术训练和综合演练，不断提高灭火实战能力。

消防设施是建筑的保护伞，必须确保其完好无损，这样在事故发生时，才能发挥出应有的作用。要定期对自动灭火系统、各类消防设施、自动报警系统等进行完善和更新，对于已配置的灭火设施，应实施灭火设施的日常管理系统，并且应建立专门的管理、维护、检查和常规操作机制，以确保消防设施完整可靠。要强制对建筑内部的消防设施进行专业的维护保养。

（3）严格落实消防安全责任制，做好居民组织工作

我国消防工作的原则是政府统一领导，公安依法监管，单位全面负责，公民积极参与。国务院领导全国的消防工作。地方各级人民政府全面负责本行政区域内的消防工作。地方各级人民政府要层层落实责任，把任务分解到各有关

部门、单位和个人。机关、团体、事业、企业等单位的主要负责人是本单位的消防安全责任人。各单位负责人对本单位消防安全工作负总责，进一步落实消防安全责任制和岗位责任制。对发生的火灾事故实行责任倒查和逐级追查，做到事故原因不查清不放过、事故责任者得不到处理不放过、整改措施不落实不放过、教训不吸取不放过。

通过街道办事处和居民委员会，建立专门的消防中心和服务室，负责相关辖区的消防安全管理工作，在居住区建立现代消防管理网络，按单位或楼层组织居住区居民，形成居住区消防管理网络。制定相应的消防管理制度，在发生消防安全问题时能够及时有效地控制灾害的进一步蔓延。定期培训本地区的成员和居民，组织居民进行真实的火灾救援演练，以便人们在发生事故时能及时有效进行救援工作。

（4）加强消防安全宣传教育培训工作

各地区、各部门、各单位要结合实际，围绕提高检查消除火灾隐患、组织扑救初起火灾、组织人员疏散逃生、消防宣传教育培训等"四个能力"，有重点地开展消防安全知识的宣传教育和培训。各级新闻、宣传、文化部门应利用群众喜闻乐见的形式和各种传播媒介、宣传手段，积极主动地做好消防宣传工作，开展提示性宣传，广泛宣传火灾防范措施，普及安全用火、用电、用气、用油等防火常识和逃生自救知识。各单位要加强对员工的消防安全教育培训。各类学校要对学生开展必要的消防知识教育，增强学生的消防安全意识和自防自救能力。村民委员会、居民委员会应当协助人民政府及公安消防部门做好消防宣传教育。

对易燃物较多的场所，应当设立明显的禁烟或其他形式的防火标识，时刻提醒人们要注意防范火灾的发生。

3.5 安全生产事故

3.5.1 安全生产概述

安全生产事故是指生产经营单位在生产经营活动（包括与生产经营活动相关的活动）中突然发生的伤害人身安全与健康，或者损坏设备设施，或者造成经济损失的，导致原生产经营活动（包括与生产经营活动有关的活动）暂时中止或永远终止的意外事件。可见，安全生产事故对生产经营活动具有伴随性。

安全生产工作不仅是生产经营单位需要认真执行的本职工作，同时也是政府机关重要的监督工作事项。安全生产监督管理是控制企业安全风险管理的重要手段，是各级人民政府及其负有安全生产监督管理职责的部门必须履行的职责。

政府机关对于安全生产管理的基本原则包括以人为本原则、安全具有否决权原则、三同时原则、四不放过原则、五到位原则、谁主管谁负责原则、管生产必须管安全原则等。安全生产工作是生产经营单位自查和政府管理部门监管相结合的综合管理体制，需要按照"安全第一、预防为主、综合治理"为安全生产的基本方针。

即使不是重特大事故，一般的安全生产事故也会给企业带来直接或间接的经济损失。但现实中，企业经营管理者往往抱有侥幸心理，安全生产意识不强，制度不健全，员工的安全生产培训缺失或流于形式，员工的安全防护措施不到位，紧急疏散通道不畅通，相应安全生产设施配置不符合要求……这些方面的改善需要企业投入相应的人力、物力和财力，这对于预防和减少安全生产事故是非常重要的。

为了实现生产经营过程中的安全管理，可以进行多项基本安全工作，包括宣传安全法规与制度、建立安全标准与制度、落实安全责任、加大安全科技投入、加深安全文化意识。

随着国民经济不断向前发展，在工业生产的转型升级过程中，安全生产工作面临着许多新情况、新问题，安全生产管理也要随着生产模式的发展变化不断适应更高的要求。伴随着改革开放进程的不断深入，人民生活水平不断提高，对于安全生产的要求也不断提高，国家对于安全生产的重视程度越来越强，提出了一系列重大举措加强安全生产工作。这对于有效预防和遏制重特大安全生产事故的发生、做好安全生产事故应急管理工作、保障人民群众的生产和生活安全具有重要的现实意义。

3.5.2 我国安全生产现状

当前，我国正处在工业化、城镇化的持续推进过程中，生产经营规模不断扩大，传统和新型生产经营方式并存，各类风险隐患交织叠加，生产事故易发多发，尤其是重特大生产事故频发势头尚未得到有效遏制，一些生产事故发生呈现由高危行业领域向其他行业领域蔓延趋势，直接影响生产安全和公共安全。探索生产事故失效机理与演化防控技术，已成为抵御事故风险、控制事故蔓延、降低影响范围的关键手段。不断发生的安全生产事故，不仅威胁从业人员的人身安全，也制约了国民经济发展。

例如，2013 年 6 月 3 日 6：10，位于吉林省长春市德惠市的吉林宝源丰禽业有限公司主厂房发生特别重大火灾爆炸事故，共造成 121 人死亡、76 人受伤，17 234 平方米主厂房及主厂房内生产设备被损毁，直接经济损失 1.82 亿元；2015 年 8 月 12 日，天津港特大爆炸安全事故造成 165 人遇难、8 人失联，直接经济损失 700 多亿元；2018 年 8 月 6 日，贵州省盘州市煤与瓦斯突发事故造成 13 人死亡、7 人受伤；2019 年 3 月 21 日，江苏省盐城市响水县陈家港化工园区天嘉宜化工厂重大爆炸事故，造成 78 人死亡；2019 年 7 月 19 日，河南省三门峡市河南煤气集团义马气化厂 C 套空气分离装置发生"砂爆"，造成 15 人死亡，16 人重伤，256 人入院治疗……

近年来，我国企业对于安全生产工作的重视程度逐年增强，通过"安全月""安全知识竞答""安全自查、自改"等多种渠道查问题，找不足，促改进，取得了较为显著的成效。但也有不少企业，特别是中小企业，安全生产管理机构尚不健全、专职安全管理人员数量不足；企业安全管理制度不够完善、安全管理基础资料不够齐备；企业一线工作人员文化程度偏低、安全教育时间较少；不同行业企业安全检查频率不同，部分企业负责人对安全例会不重视；企业的安全投资呈现增长态势，但企业间安全投资水平差距明显。特别是我国的小企业，由于工业基础薄弱和安全技术落后，事故隐患多，作业环境差，工伤事故和职业危害相对也最为严重。

2002 年 11 月 1 日颁布的《中华人民共和国安全生产法》，标志着安全生产进入立法管理时代。中国在过去几十年里经历了经济快速扩展，对生产过程的安全从粗放型管理向科学管理转型。中国安全生产事故起数总体呈下降趋势，但重特大事故仍然频发、多发。

2020 年，全国安全生产事故起数、死亡人数从历史最高峰 2002 年的 107 万余起、13 万余人，降至 2020 年的 3.8 万余起、2.74 万余人，按可比口径累计分别下降 85.1% 和 70.9%；重特大事故从 2001 年的 140 起、2556 人降到 2020 年的 16 起、262 人，累计分别下降 88.6% 和 89.7%。

我国目前处于工业化、城镇化快速发展时期，也处于事故易发多发的特殊时期，安全生产面临极大挑战。高危行业比重过大、从业人数居多，发生事故的概率较大。城市安全风险大，农村安全隐患突出，新行业新业态安全风险凸显，安全生产工作艰巨繁重，容不得丝毫松懈和半点马虎。

3.5.3　企业安全生产事故发生的常见原因

安全生产事故虽然具有类型多样、系统复杂的特征，但许多学者已经证明各类型生产事故的形成原因、发展过程具有共性。

引发安全生产事故的常见原因，总结归纳起来主要有以下几个方面。

（1）部分企业的安全生产意识比较淡薄

改革开放以来，我国在经济发展方面取得了举世瞩目的巨大成就，但是相对于发达国家而言，仍然有不小的差距。目前，保持经济健康持续发展仍是我国社会发展的重要战略目标。强调发展无可厚非，但很多企业忽视了安全生产工作，为了在激烈的市场竞争中求生存发展，把经济效益作为第一要素考虑，大量时间、精力都放在产量、质量、经济效益上，忽视了安全管理资金投入，安全生产工作在企业处于弱势地位，缺乏相应的安全管理监督检查和激励机制，没有把安全管理作为一项系统工程来进行。安全生产措施落实不到位，安全投入严重不足，安全生产设施设备落后，甚至有些企业目无法纪，为了追求效益不顾职工生产安全，违法违规生产，导致安全事故频发。

（2）政府有关职能部门监管力度不够，监管政策落实不到位

在实际工作中，一些地方政府未能真正履行安全生产工作职能。"无意识的放弃"法律地位，对安全生产工作的重视仅停留在口头上、表面文章上。考虑更多的是财政税收、人员就业、社会稳定、招商引资环境等因素，使用行政手段干扰安监执法工作，导致安监执法"权法错位"。

虽然国家安全监管部门一直强调安全监管工作重心下移、关口前移，可目前基层的安全生产监管机构，特别是乡镇（街道），在人员配备、装备配置、体制机制上都存在很大欠缺，装备缺乏、队伍不稳，直接造成安全生产基层管理不到位不扎实。

（3）部分企业员工缺乏安全培训，缺少自我保护能力

很多中小型生产企业的一线员工，综合文化素质普遍不高，安全生产意识比较薄弱，自我保护能力差。

企业为了减少成本支出，招收大量的合同工、临时工、季节工、农民工进厂，导致企业职工流动性大，变动频繁。调岗、离岗、返岗的流速加快，保证不了职工的安全技术教育，导致未经安全培训的人员仓促上岗作业，没有进行定期的培训。这为因操作失误而带来的事故埋下隐患。相当一部分企业开展安全知识培训，多停留在让职工死记安全操作规程上，与实际工作岗位少有联系，导致职工实际操作安全意识很差，对作业过程中的危险因素和防范措施知之甚少。企业生产人员在事故发生时，由于缺乏相应的应急技巧，很难进行自救，这在一定程度上增加了事故发生的概率、加剧了事故发生所导致的后果。

（4）我国现行安全生产相关的法律法规还不健全

目前，我国安全生产立法体系相对滞后，与安全生产相关的法律法规也有待进一步完善，现行的安全生产法规对企业安全生产行为的监督约束作用有限，对发生安全生产事故企业负责人的处罚处置力度不够，缺乏有效的震慑力。

《中华人民共和国突发事件应对法》《中华人民共和国国家安全法》这类基本法不具备直接可操作性。2002 年 6 月通过的《中华人民共和国安全生产法》，分别在 2009 年 8 月、2014 年 8 月和 2021 年 6 月进行了 3 次修订，更加严谨和具有操作性。但是，新修订内容的具体实施和落实并发挥作用，仍需要一定的时间。

3.5.4　安全生产事故的防范

近年来由于企业安全事故频发并造成严重影响，已使越来越多的政府部门认识到，企业安全生产工作绝不是企业内部的事情，它事关人民群众生命财产安全，事关国家经济持续发展和社会稳定的大局。因此，从多层面加强管理，以减少安全事故的发生，科学应对，以减轻事故所造成的损失，是当前一项极为重要的工作。

（1）不断完善法律法规和相关配套制度

在《中华人民共和国国家安全法》《中华人民共和国突发事件应对法》的基础上，国家有关部门不断完善相关配套制度和办法，对突发事件期间管理权限的集中和社会资源的调配做到依法、科学、有效，使各个部门各尽其责，在事故灾害来临时处变不惊、沉着应对。

在突发事件应急管理中，应通过立法或者其他机制，实行信息的统一管理、统一披露。建立健全新闻发言人制度并形成惯例，统一信息公开的渠道和标准，积极、主动引导社会舆论，避免出现不必要的混乱。

在城市应急管理中，应该广泛借助各种非政府组织和民间团体（包括地区内外甚至全海内外的社会性组织），建立起各类专业性、技能性的志愿者组织，并开展必要的业务培训与实战演练，以便能够迅速集结并快速投入救援行动。

（2）生产经营单位必须加强管理，落实主体责任

安全生产工作应当以人为本，坚持人民至上、生命至上，把保护人民生命安全摆在首位，树牢安全发展理念，坚持安全第一、预防为主、综合治理的方针，从源头上防范化解重大安全风险。

安全生产工作实行管行业必须管安全、管业务必须管安全、管生产经营必须管安全，强化和落实生产经营单位主体责任与政府监管责任，建立生产经营单位负责、职工参与、政府监管、行业自律和社会监督的机制。

生产经营单位必须遵守有关安全生产的法律、法规，加强安全生产管理，建立健全全员安全生产责任制和安全生产规章制度，加大对安全生产资金、物资、技术、人员的投入保障力度，改善安全生产条件，加强安全生产标准化、信息化建设，构建安全风险分级管控和隐患排查治理双重预防机制，健全风险防范化解机制，提高安全生产水平，确保安全生产。

生产经营单位作为安全生产工作的责任主体，有责任做好本单位的事故灾害应急工作，增强应对突发事故的能力。应根据行业特点，依托自身资源和优势，建立建设专兼职的应急救援队伍，并不断进行业务学习、教育、培训和演练，提升救援队伍的实战水平。

各生产经营单位，尤其是煤矿、危化品、烟花爆竹等高危企业，要在健全综合预案、专项预案的基础上，全面分析本单位危险因素、可能发生的事故类型及事故的危害程度，建立相应的现场处理方案，建立起完善的预案体系。预案要根据实际操作情况定期进行修订。

生产经营单位应建立专门的应急救援装备库和救援物资储备库，配备相应的应急救援常用器材用品，及时淘汰、更新不适应救援工作需要的救援仪器装备、救援技术等，并对设备装置定期检查维护，适时补充救援装备。

（3）加强安全培训，提高个人应对事故灾害的能力

生产经营单位要采取不同方式，有计划地组织开展包括安全法律法规、应急预案、应急处置措施、作业场所危险因素、员工安全意识等在内的全员安全培训，使作业人员掌握安全知识，熟悉救援程序和防范措施，提高突发情况应

变能力和自救互救能力，减少不必要的伤亡和损失。

通过参加各种公共安全知识的宣传和培训，每个人都应了解事故灾害发生的后果，掌握一定的自我保护方法，提高个人应对突发事故灾害和安全生产事故自救、互救的安全技能，增强应对事故灾害的能力，保护个人的生命安全。

要积极参与到政府对安全生产事故隐患的排查治理工作中去，明确身边的风险源，及时向政府及管理部门提供有效的信息以便尽快消除事故隐患，保障生命安全。

3.6　踩踏事故

3.6.1　踩踏事故概述

踩踏事故通常是指在人群密集的公共场合中，由于现场过度拥挤导致秩序混乱，一部分人跌倒后，后面不受控制的人群相继踩踏前面倒地的人，由此恶性循环形成的大型群体伤害事件。

从事故本身的基本特征来看，踩踏事故的显著特点就是突发性强，加之危害后果极其严重，频发的恶性踩踏事故，已经成为当前危害性最为突出的公共安全事故之一。

1990 年 7 月 2 日，1426 名朝圣者在通往麦加圣地的行人通道中被拥挤的人潮踩死。

1994 年 5 月 23 日，麦加圣地米纳举行的投石驱邪活动中，有 270 名朝觐者被踩死。

2005 年 8 月，伊拉克首都巴格达谣传将遭到自杀袭击，什叶派穆斯林在一个大桥旁发生踩踏事件，至少 1005 人死亡。

2010 年 11 月 23 日凌晨，柬埔寨首都金边钻石桥发生的踩踏事故，遇难者347 人，700 多人受伤。

2015 年 9 月 24 日，在距离沙特麦加东部 5 千米处的米纳地区发生朝觐者踩踏事故。事故造成至少 1399 人遇难，另有超过 2000 人受伤……

1991 年 9 月 24 日晚，在太原市迎泽公园举办的"煤海之光"大型灯展，酿成观灯群众被挤死 105 人、挤伤 108 人的特大伤亡事故。

2004 年 2 月 5 日，北京市密云地区举行元宵节灯会时，发生踩踏安全事故，造成 37 人死亡，37 人受伤。

2014 年 1 月 5 日 13：00 左右，宁夏回族自治区固原市西吉县北大寺发生踩踏事故，造成 14 人死亡。

2014 年 12 月 31 日 23：35，上海外滩陈毅广场发生拥挤踩踏事故。造成 36 人死亡，47 人受伤……

随着我国社会主义经济文化事业的迅速发展，大型社会活动日益增多。无论数量、档次和领域都有了质的飞跃，涉及经济、生活、文化、体育等多个领域。在这些地点举办活动容易形成大规模的人群聚集，导致人群流动不畅，产生情绪失控等不安定因素，加之没有系统有效的预防措施，恶性大规模踩踏事件层出不穷。

倘若不进行有效防范，将会对个人、社会乃至整个国家造成无法估量的损失和影响。

3.6.2 发生踩踏事故的常见原因

对近十几年内发生在世界各地的 100 多起踩踏事故进行分析，有学者发现主要原因包括：建筑物（扶手、栏杆）发生坍塌，桥面、楼梯设计缺陷，场地出入口过少、过窄，场馆、现场人数超荷，现场秩序维护力度不够，人员谣言恐慌，人员骚乱暴动，哄抢及活动涌入行为，人群对流，人员拥挤跌倒，火灾、爆炸等事故，天气环境等因素。

归纳和概括起来，踩踏事故的发生，主要是由人群、事件、环境、管理四大因素综合作用引起的。

（1）人群的因素

大型群体性活动中，人群具有密度大、心理情绪传播迅速等特点。人流行进速度与人群的密度成反比：人群密度越大，人流行进速率就越低；当人群密集达到一定程度，就会引发推挤及被动移动。人在身处困境的时候，极易受恐慌情绪影响，在自身的求生本能下都想尽快离开现场，又由于突发情况或危急情况下的从众心理，大部分人都会往人多的地方聚集。随着时间的推移，人越挤越多，就更加容易诱发踩踏事故。

人群的因素包括人群密度、人员组成、人员心理素质等，事故一旦发生，一些群众会因恐慌、从众、绝望等心理状态，产生过激、逃避、聚众、趋光性等行为，从而导致事故伤亡进一步扩大。

（2）事件的因素

事件的因素指能引起人员聚集场所有人突然摔倒，或发生火灾、爆炸、坍塌、滑落等事故的物品、设备、设施等意外事件，事件本身并不会引发踩踏事故，但事件的发生往往会使人群恐慌，诱使人群不稳定，进而引发踩踏事故。

例如，2009 年 3 月 29 日进行的世界杯和非洲国家杯预选赛科特迪瓦队主场对阵马拉维队的比赛中，体育场的一面墙突然坍塌，观众在恐慌中夺路逃离时发生踩踏事件，至少 19 人死亡。

2014 年 9 月 26 日，昆明市一小学因一个棉花垫突然倒下，引发踩踏事故，造成 31 人伤亡，其中 6 人死亡。2017 年 3 月 24 日，河南省一小学因厕所外墙倒塌，导致秩序混乱，发生踩踏事故……

（3）环境的因素

环境的因素包括自然环境和人工环境。自然环境，主要指人群在克服不良的气象条件、复杂的地理环境及地质灾害时可能引发事故；人工环境，指人员聚集场所设计、布局不合理等因素。

在大型群体性活动中场地设施质量是否过关、设计是否合理，都与踩踏事故的发生有着密切的关系。场地本身是不会引发踩踏事故的，但如果由于各种外部影响诱发了事故，场地设施的质量便会直接影响事故发生后所带来的危害。我国有将近 40% 的踩踏事件伤亡事故是由于建筑设计不合理，或者建筑材料不过关导致的。

（4）管理的因素

实践证明，阻止大型群体性活动灾难发生必须依靠好的管理系统和经验。事故的发生和扩大跟组织者的管理有着密切关系，许多事故都是由于管理者前期对现场管理不到位，事故发生后不能正确地对人群进行疏导、分流和控制，导致人群失控，加之应急能力差，致使事故的损害扩大。

近年来许多大型活动的成功举办，为我国在预防、管理控制和处置大型节庆活动安全事故方面提供了学习的范例，也积累了可贵的经验，同时促进了我国安全法律法规日臻完善，安全管理措施和制度逐步健全。但是我国对大型节庆活动的事故风险控制和应急处置方面的研究工作仍存在诸多弊端，具体管理措施、具体步骤、具体流程等均不够完善、科学、高效，仍存在着许多亟待解决的问题。

3.6.3 踩踏事故的防范

城市公共场所发生人群拥挤踩踏事故与一般事故相比，具有一定的特殊性。例如，事故可能发生在任何时间任何人群聚集的场所，只要人群聚集密度达到一定数值，就具有发生拥挤踩踏事故的风险；引起拥挤踩踏事故的原因有很多，某些情况下事故并没有十分明显的诱因，就可能产生；事故一旦发生，由于人群的激动、恐慌等心理，会在短时间内扩大到很大的范围，在造成大量伤亡的同时使局面失控，危害巨大。因此，必须做好踩踏事故的预防工作。

（1）认真制定和实施应急预案，落实安全责任制

一定要注意应急预案的制定和实施，对城市公共场所人口密度较大、人口流动性较强的地区进行重点安全管理控制，通过分析人员特点及人员流动特点制定合理的应急预案。

在开展大型活动前，公安机关应组织相关专家对活动主办方提交的活动方案进行全方位的审核和评估。着重对大型活动的开展是否存在包括发生踩踏事故在内的潜在风险隐患进行先期预测、先期研判、先期介入，提出风险评估报告供相关部门最终决策参考。对于存有风险的大型活动方案，根据风险评估报

告，进行风险化解，从源头上预防和减少风险的发生。

要加强大型活动和人员密集场所各环节的安全管理，各级管理部门要严格按照法定职责保证活动安全，落实安全责任制；相关负责人应当对公共场所的安全事故隐患做出排查。

活动筹办前，应评估活动现场各环节人数，尽量分散活动场地以避免人群聚集，建立信息发布系统和预警机制。

（2）健全现场基础设施，消除可能的安全隐患

保障大型节庆活动的安全需要诸多物质基础，在大型活动现场一定要配备足够的安全设施和应急物资；相关的路标、安全标识要清晰准确；潜在危险地段要有完备的保护措施，以尽量消除现场可能的安全隐患。

每一起大型群体性活动的举行，都必须有一个专门的场地管理者。大型群体性活动的场地都是选择在比较宽阔的操场、体育馆、广场等，所以场地的管理者重点检查安全出口的数量和安全出口是否符合法定要求这两个方面，其中安全出口和安全通道的标识是密切联系在一起的。安全通道的标识和活动开始后人群聚集的场地是否平整，是否没有较多的台阶及陡坡之类，都是场地管理的重点。场地的管理还包括人群的行进路线是否合理，尽量不要出现路线交叉情况，特别是在室外有楼梯的路线，在楼梯处必须安装防护栏和隔离防护设施。

（3）强化现场管控，严格控制人群密度和人流量

由于人群的密度与拥挤踩踏事故的发生率成正比，所以控制公共场所人群密度是预防公共场所拥挤踩踏事故发生的有效手段。

在公共场所出入口，可以采用安装人员数量监控装置的方法，将场所中的人群密度控制在一个可容纳、便于疏散的范围内，当人群密度超过这一范围时，监控装置即采取报警动作以提醒安保人员限制人群的进入，从而有效减少人群拥挤踩踏事故发生后进行转移和疏散的压力。

有研究表明，景点室内达到 1 平方米 / 人、室外达到 0.75 平方米 / 人，惨剧发生的概率已经大幅提升，需要立即启动应急预案。因此，当大型节庆活动现场的数据接近或达到上述任一指标时就应当启动应急预警，开始实施应急预

案，采取相应措施来降低区域内的人群密度，以确保现场秩序的稳定，避免事故发生。

在大型活动现场，一定要加强区域内游客疏导工作，提供合适的流出路径，逐步降低人流密度。

场所内各重点区域驻守警力，需保持高度警惕，认真落实职责，告诫游客不要拥挤，时刻预防各种混乱的产生，防止人员摔倒，给予区域内人流正确指引、疏导。

（4）强化宣传教育，提高公众安全意识

公众的安全意识和管理人员的应急处置能力直接影响拥挤踩踏事故能否发生及伤亡后果。因此，应加强现场管理人员的教育培训，使之能够熟练地进行现场监控、及时进行人员疏导与分流、与拥挤人群进行正确有效的交流，提高其应急处置能力。

加强公众的宣传教育，提高公众自觉分析大型活动存在危险的能力，增强公众应对突发事件的心理素质和自救能力，确保公众理智地参加大型活动，在紧急情况下可以冷静应对和处理，并且能够自觉地相互救助。

在2013年澳大利亚悉尼跨年庆典烟花会演中，现场观众达150万人。为保障安全，警方提前两周通过传媒向公众普及安全知识。这些举措对预防踩踏事件的发生是非常重要的，值得我们学习和借鉴。

4　公共卫生事件

4.1　公共卫生事件概述

4.1.1　公共卫生事件的概念和分级

公共卫生事件一般指突发公共卫生事件,是指突然发生,造成或者可能造成社会公众身心健康严重损害的重大传染病、群体性不明原因疾病、重大食物中毒和职业中毒及其他严重影响公众身心健康的事件。

根据事件的成因和性质,公共卫生事件可分为:重大传染病疫情,群体性不明原因疾病,重大食物中毒和职业中毒,新发传染性疾病,群体性预防接种反应和群体性药物反应,重大环境污染事故,核事故和放射事故,生物、化学、核辐射恐怖事件,自然灾害导致的人员伤亡和疾病流行,以及其他严重影响公众健康的事件。

根据事件性质、危害程度、涉及范围,突发公共卫生事件可划分为特别重大(Ⅰ级)、重大(Ⅱ级)、较大(Ⅲ级)和一般(Ⅳ级)四级。

(1)特别重大突发公共卫生事件(Ⅰ级)

有下列情形之一的,为特别重大突发公共卫生事件(Ⅰ级):

①肺鼠疫、肺炭疽在大、中城市发生并有扩散趋势,或肺鼠疫、肺炭疽疫情波及2个以上省份,并有进一步扩散趋势。

②发生传染性非典型肺炎、人感染高致病性禽流感病例,并有扩散趋势。

③涉及多个省份的群体性不明原因疾病,并有扩散趋势。

④发生新传染病或我国尚未发现的传染病发生或传入，并有扩散趋势，或发现我国已消灭的传染病重新流行。

⑤发生烈性病菌株、毒株、致病因子等丢失事件。

⑥周边及与我国通航的国家和地区发生特大传染病疫情，并出现输入性病例，严重危及我国公共卫生安全的事件。

⑦国务院卫生行政部门认定的其他特别重大突发公共卫生事件。

（2）重大突发公共卫生事件（Ⅱ级）

有下列情形之一的，为重大突发公共卫生事件（Ⅱ级）：

①在一个县（市）行政区域内，一个平均潜伏期内（6天）发生5例以上肺鼠疫、肺炭疽病例，或者相关联的疫情波及2个以上的县（市）。

②发生传染性非典型肺炎、人感染高致病性禽流感疑似病例。

③腺鼠疫发生流行，在一个市（地）行政区域内，一个平均潜伏期内多点连续发病20例以上，或流行范围波及2个以上市（地）。

④霍乱在一个市（地）行政区域内流行，1周内发病30例以上，或波及2个以上市（地），有扩散趋势。

⑤乙类、丙类传染病波及2个以上县（市），1周内发病水平超过前5年同期平均发病水平2倍以上。

⑥我国尚未发现的传染病发生或传入，尚未造成扩散。

⑦发生群体性不明原因疾病，扩散到县（市）以外的地区。

⑧发生重大医源性感染事件。

⑨预防接种或群体性预防性服药出现人员死亡。

⑩一次食物中毒人数超过100人并出现死亡病例，或出现10例以上死亡病例。

⑪一次发生急性职业中毒50人以上，或死亡5人以上。

⑫境内外隐匿运输、邮寄烈性生物病原体、生物毒素造成我国境内人员感染或死亡的。

⑬省级以上人民政府卫生行政部门认定的其他重大突发公共卫生事件。

（3）较大突发公共卫生事件（Ⅲ级）

有下列情形之一的，为较大突发公共卫生事件（Ⅲ级）：

①发生肺鼠疫、肺炭疽病例，一个平均潜伏期内病例数未超过5例，流行范围在一个县（市）行政区域以内。

②腺鼠疫发生流行，在一个县（市）行政区域内，一个平均潜伏期内连续发病10例以上，或波及2个以上县（市）。

③霍乱在一个县（市）行政区域内发生，1周内发病10～29例或波及2个以上县（市），或市（地）级以上城市的市区首次发生。

④一周内在一个县（市）行政区域内，乙、丙类传染病发病水平超过前5年同期平均发病水平1倍以上。

⑤在一个县（市）行政区域内发现群体性不明原因疾病。

⑥一次食物中毒人数超过100人，或出现死亡病例。

⑦预防接种或群体性预防性服药出现群体心因性反应或不良反应。

⑧一次发生急性职业中毒10～49人，或死亡4人以下。

⑨市（地）级以上人民政府卫生行政部门认定的其他较大突发公共卫生事件。

（4）一般突发公共卫生事件（Ⅳ级）

有下列情形之一的，为一般突发公共卫生事件（Ⅳ级）：

①腺鼠疫在一个县（市）行政区域内发生，一个平均潜伏期内病例数未超过10例。

②霍乱在一个县（市）行政区域内发生，1周内发病9例以下。

③一次食物中毒人数30～99人，未出现死亡病例。

④一次发生急性职业中毒9人以下，未出现死亡病例。

⑤县级以上人民政府卫生行政部门认定的其他一般突发公共卫生事件。

公共健康不仅是保障社会稳定的重要前提，也是人民最普遍意义上的美好生活需要。不断提高防范和化解重大公共卫生风险的能力，做好突发公共卫生事件应急管理工作，是国家治理体系和治理能力现代化的一个重要标志。

4.1.2 公共卫生事件的特点

公共卫生事件，有很多不同于其他自然和人为灾害的特点。主要表现在以下几个方面。

（1）产生的突发性

公共卫生事件大多发生突然，往往事先没有征兆或征兆难以识别。有些事件，如贮存和运输中的化学毒物泄漏事件，常常在瞬间发生。

突发性是突发公共卫生事件的最基本特点，是区别一般卫生问题或卫生事件的显著标志。

（2）成因的多样性

许多公共卫生事件与自然灾害、事故灾害、社会安全事件和动物疫情等都可能有关。例如，地震、水灾、火灾、环境污染、生态破坏、交通事故、生物恐怖袭击、致病微生物、药品危险、食物中毒、职业危害等，都可能形成公共卫生事件。

一种公共卫生事件常常是在多种因素的综合作用下发生的。例如，病原体是引起传染病事件的生物学因素，但不是唯一因素。只有在其他物理、化学甚至社会经济因素的共同作用下，才可能引起传染病暴发或流行事件。

公共卫生事件的发生都是有原因的，不明原因只是暂时未有调研结果。由此说明，突发公共卫生事件从根本上说是可以预防和控制的。

（3）传播的广泛性

公共卫生事件的传播速度很快，危害因素可以通过各种传播途径迅速扩大影响范围，造成更多人受害。例如，农药厂泄漏出来的毒气可在数小时内迅速扩散到方圆几十千米，波及在此地域居住的多数居民。

在现代社会，某一种疾病可以通过现代交通工具迅速跨区域、跨国流动，而一旦造成传播，就会成为区域性乃至全球性的传播。另外，传染病一旦具备了传染源、传播途径及易感人群 3 个基本流通环节，就可能在毫无国界的情况下广泛传播。

（4）危害的复杂性

公共卫生事件不仅仅是卫生事件，也是社会事件，通常会造成较大的负面影响。以重大传染病为代表的重大公共卫生事件，不但对人的健康有影响，还对环境、经济乃至政治都有很大的影响。例如，新型冠状病毒肺炎（简称"新冠肺炎"）疫情，导致多地"封城"和推迟复工复课等，造成的经济和社会损失不可估量。此外，如2008年的三聚氰胺奶粉事件等，对人们的生活习惯和生活方式等都产生了重大影响。

（5）分布的差异性

许多公共卫生事件在时间和空间分布方面，都有差异性特点。不同的季节，传染病的发病率会不同。例如，非典型肺炎（SARS）疫情和新冠肺炎疫情，在冬季多发；肠道传染病则多发生在夏季。传染病的区域分布不一样，像我国南方和北方的传染病就不一样。此外，还有人群的分布差异等。

（6）治理的综合性

公共卫生事件的发生和应急处理往往涉及社会的诸多方面。因此，应急处理不仅仅是卫生部门的责任，需要在上级政府的统一指挥下社会各有关方面通力协作，妥善处置。

对于公共卫生事件的预防控制，需要多方共同努力，即技术层面与价值层面、直接任务与间接任务、责任部门与其他相关部门、国际与国内等，只有通过多方面密切结合、综合治理，才可能取得良好的治理效果。另外，在解决公共卫生事件时，还要注意解决一些深层次的问题，如应急机制问题、工作效能问题等。

4.1.3 公共卫生事件的危害

公共卫生事件对社会公众和国家都会产生严重损害，主要表现在以下3个方面。

（1）对人的身体和心理都会造成伤害

一场突发公共卫生事件既危害了人民群众的身体健康，又会给社会造成极大的恐慌，对社会公众的心理产生伤害，引发心理危机。一场突发公共卫生事件引发的社会心理危机主要包括焦虑、疑病、恐慌、愤怒等一系列消极情绪。例如，1985年以来，艾滋病的发病率不断增加，严重危害着人们的健康；2003年，非典型肺炎（SARS）疫情引起人们的恐慌。

因此，在应对突发公共卫生事件中，除正常的防控之外，也应该时刻关注民众的心理动态，对可能出现的心理危机第一时间进行介入辅导，预防心理危机的产生。

（2）引起社会政治、经济等方面的复合型危机

由于突发公共卫生事件的突发性，政府如果在应急管理上应对不足，各类不实言论就会迅速传播，极易造成政府公信力的下降，引发民众恐慌。在社会经济方面，突发公共卫生事件打破了正常的社会经济发展秩序，大量的企业往往会因此被迫停工，这也间接影响了企业生产的正常运作。

重大突发公共卫生事件往往会在短期内打乱国家的正常生产秩序，很大程度拖缓了社会生产与生活的节奏，给企业、消费者等市场主体带来了巨大冲击；从长期来看，重大突发公共卫生事件甚至会影响经济的空间格局、消费者的长期消费偏好等。在重大突发公共卫生事件冲击下的企业特别是服务业和中小企业，生产停滞、成本高企、资金吃紧、防疫物资匮乏等问题也会频繁发生，甚至会对一个国家重点产业和核心增长区域带来较大的风险挑战。

（3）影响世界各国之间的贸易和正常交往

当突发公共卫生事件来临时，各国纷纷采取限制性手段，会直接影响世界各国之间的正常交流往来。

突发公共卫生事件发生后，各国所可能采取的对入境货物、交通工具等卫生控制措施，无疑将对国际贸易造成影响。

2019年年底、2020年年初暴发的新冠肺炎疫情波及全球并造成巨大的人员伤亡和医疗费用支出，各国隔离防疫措施造成停工停产、交通运输中断或减少、人员流动受限、供应链受损、投资贸易剧降等，严重影响了经济的发展。

4.1.4 国外应对公共卫生事件的经验

提高应对公共卫生事件能力是保障和维护人民健康的必然要求。健康是社会文明进步的基础。重大传染病等公共卫生事件始终是人类健康的大敌，一部人类发展史可以说是与传染病斗争的历史。无论是 14 世纪中叶的"黑死病"、1918 年的"大流感"，还是 21 世纪初的 SARS，都让人类付出了惨痛代价。突如其来的新冠肺炎疫情再次敲响了警钟。

尽管我国在行政体制上与美国、日本等国家存在明显的差别，卫生体系及公共卫生体系的发展模式也不相同，但发达国家在完善体制机制提高应对突发公共卫生事件能力方面，仍有一些做法是值得我国参考借鉴的。

（1）常设突发公共卫生事件决策指挥部门

发达国家都高度重视公共卫生，把公共卫生安全风险纳入国家安全治理范畴。在重大突发公共卫生事件的应对过程中，统一的决策与指挥系统占据着核心地位。纵观美国、澳大利亚的突发公共卫生事件应对体系，均常设统一决策指挥机构，如美国国家安全委员会、澳大利亚卫生保护委员会。

多数发达国家都实行属地为主、必要时国家统一指挥的机制。当启动最高级别国家响应时，综合应急管理部门作为指挥部办公室发挥综合协调作用，行业主管部门各司其职参与应对。

我国在 2018 年成立的国家卫生健康委员会的机构中，虽设置组织指导各类突发公共事件的医疗救治和紧急医学救援工作的医疗应急司，但是其指挥调度能力有限，仅限于卫生系统内部资源的指挥。我国 2018 年虽组建了应急管理部，但是并未包涵突发公共卫生事件的应急。因此，我国可考虑在临时疫情防控指挥部的基础上发展成立常设机构。

（2）完善突发公共卫生事件应对的相关法律法规

通过立法来保障突发公共卫生事件应对各项措施的正常开展，在紧急情况下赋予相应职能机构一定的行政权力，这是国际通行做法。发达国家多以层次分明、体系完备的法律制度体系为支撑，既有总体应急法律，也有卫生应急专门法，以及各种卫生应急指南、卫生应急预案、卫生应急标准等，使卫生应急管理具有坚实的法治基础。

例如，美国具备较为完善的法律体系，通过《斯塔福减灾及紧急事件援助法案》和《公共卫生服务法案》两个支持法案支撑着突发公共卫生事件的应对。因此，不断完善相关的法律法规，应成为我国下一阶段突发公共卫生事件应对体系建设的重点工作之一。

（3）重视应急预案的制定与更新

应急响应预案是整个突发公共卫生事件应对的指导手册，对于及时、有效地应对突发公共卫生事件至关重要。发达国家在预案制定方面的做法比较成熟，如日本的《基本灾害管理计划》，根据国家指导方针制订行动计划。

我国于2006年制定了《国家突发公共卫生事件应急预案》，在新冠肺炎疫情防控和处置工作中，暴露出一定的不适用性，为了使预案更加科学且符合当前社会生活实际，或许有进行修订的必要。

（4）建立快速报告和监测预警系统

发达国家通常非常重视建立反应灵敏、遍布全域的传染病监测网络，做到快速报送疫情信息。注重提高信息收集分析和监测预警能力，努力提升预警准确度。例如，美国所有公共卫生机构和医院都通过互联网与美国CDC连接，任何机构发现新的病原体或不明原因可疑传染病例，都要在第一时间向美国疾病控制和预防中心报告，中心会及时组织专家会诊研究，拿出方案指导地方卫生机构开展工作。

（5）建立科学的应急保障机制

应急保障机制作为应急管理机制中的一个重要组成部分，从法律政策层面来说，主要指建立人、财、物等资源清单，明确资源利用程序，规范应急资源利用环节，实现应急资源的协调与配置。

例如，美国突发公共卫生事件应对体系较为成熟和完善，形成了条块清晰、职能明确的决策、信息、执行和保障四大系统。保障系统由资金保障系统、物资保障系统、职业安全保障系统和社会心理保障系统组成，通过法律法规明确规定各系统在突发公共卫生事件不同发展阶段的工作内容。

必须指出的是，受技术条件、社会制度等因素制约，即使是发达国家，在处置大规模突发公共卫生事件时，也存在明显的防控决策不及时果断、防控措施不力等局限性。

4.1.5 公共卫生事件的处置和应对

当前，我国发展仍处于重要战略机遇期，突发公共卫生事件等可以预料和难以预料的风险挑战增多，必须将有力有序防范和应对突发公共卫生事件作为国家治理体系和治理能力的重要组成部分，扬优势、补短板、堵漏洞、强弱项，不断完善应对机制，构建强大公共卫生体系，为维护国家长治久安提供重要制度保障。

（1）提高指挥调度能力

坚持党的集中统一领导是成功防范和有效应对突发公共卫生事件的根本政治保证。《突发公共卫生事件应急条例》规定："突发事件发生后，国务院设立全国突发事件应急处理指挥部，由国务院有关部门和军队有关部门组成，国务院主管领导人担任总指挥，负责对全国突发事件应急处理的统一领导、统一指挥。"要打破部门和地域，建立高效融合、反应灵敏、决策科学的组织指挥体系，完善重大风险研判、评估、决策、防控协同机制，统一领导、统一指挥、统一行动，做到指令清晰、系统有序、条块畅达、执行有力，大力提升指挥协调效率和能力，快速精准解决一线遇到的紧要问题。

（2）提高协调联动能力

《国务院关于全面加强应急管理工作的意见》中明确提出，要注重发挥非政府组织、企事业单位等在应急管理中的作用。面对突发公共卫生事件，仅仅依靠政府自身单打独斗是远远不够的，而是要发挥市场经济的资源配置能力，充分发挥好中国特色社会主义制度的优越性，开展以政府为主的群防群治的协调联动机制，通过政策倾斜和财政扶持激励使各方主体力量积极参与应急管理，形成以政府为主导的"多中心"应急管理体系，在突发公共卫生事件处置中，使一些非政府组织、企事业单位起到有效的保障作用。

应设立更具体规范的标准，明晰政府及各部门、市场和社会组织在危机中的具体责任和义务，建立统一的协作机制，保障危机预警和相关处置工作顺利、有效地开展。

（3）提高监测预警能力

早发现是有效防范化解公共卫生重大风险的前提。要把增强早期监测预警能力作为当务之急，着力完善传染病疫情与突发公共卫生事件的监测系统，改进不明原因疾病和异常健康事件监测机制，健全多渠道监测预警机制，建立智慧化预警多点触发机制，提高评估监测敏感性和准确性，把握最佳时机，争取战略主动。

根据《突发公共卫生事件应急条例》，县级以上地方人民政府应当建立和完善突发事件监测与预警系统。县级以上各级人民政府卫生行政主管部门应当指定机构负责开展突发事件的日常监测，并确保监测与预警系统的正常运行。监测与预警工作应当根据突发事件的类别，制订监测计划，科学分析、综合评价监测数据。

（4）提高预防控制能力

强大的传染病预防控制能力是有效应对突发公共卫生事件的核心能力。在各类突发重大卫生公共事件的前期，要"强预防"，必须坚决贯彻预防为主方针，立足更精准更有效的防控，建立稳定的公共卫生事业投入机制，改革和完善疾病预防控制体系，建立适应现代化公共卫生体系的人才培养使用机制。

要重视突发事件应急预案的制定和修订。应急预案启动前，县级以上各级人民政府有关部门应当根据突发事件的实际情况，做好应急处理准备，采取必要的应急措施；应急预案启动后，突发事件发生地的人民政府有关部门应当根据预案规定的职责要求，服从突发事件应急处理指挥部的统一指挥，立即到达规定岗位，采取有关的控制措施。

提升疫情现场处置能力，深入开展爱国卫生运动，提升群众动员能力，形成防治结合、专群结合、联防联控、群防群控的严密防线。有关部门应对公众开展突发事件应急知识的专门教育，增强全社会对突发事件的防范意识和应对能力。

（5）提高应急救治能力

政府主导、公益性主导、公立医院主导的救治体系是应对突发公共卫生事件、护佑人民安全和健康的重要基础。县级以上各级人民政府应当加强急救医疗服务网络的建设，配备相应的医疗救治药物、技术、设备和人员，提高医疗卫生机构应对各类突发事件的救治能力。设区的市级以上地方人民政府应当设置与传染病防治工作需要相适应的传染病专科医院，或者指定具备传染病防治条件和能力的医疗机构承担传染病防治任务。

要坚持平战结合，统筹应急状态下医疗卫生机构动员响应、区域联动、人员调集，按照集中患者、集中专家、集中资源、集中救治原则，提高收治率和治愈率，降低感染率和病亡率。坚持中西医结合、中西药并用，发挥中医药在重大疫情救治中的独特作用。同时，健全重大疾病医疗保险和救助体系，避免因费用问题影响救治。

（6）提高物资保障能力

应急医疗物资保障是国家应急管理体系建设的重要内容。国务院有关部门和县级以上地方人民政府及其有关部门应当根据突发事件应急预案的要求，保证应急设施、设备、救治药品和医疗器械等物资储备。根据突发事件应急处理的需要，突发事件应急处理指挥部有权紧急调集人员、储备的物资、交通工具及相关设施、设备。

要打造医疗防治、物资储备、产能动员"三位一体"的保障体系，健全国家重要医疗物资保障调度平台，加强科学调配，有效满足重特大突发公共卫生事件应对处置需要。

4.2 重大传染病和动物疫情

4.2.1 重大传染病概述

传染病是指由各种病原体引起的，能在人与人、人与动物、动物与动物之间进行传播的疾病类型。绝大多数病原体属于微生物，仅有少部分为寄生虫。

《中华人民共和国传染病防治法》将传染病分为甲、乙、丙三类，其中甲类传染病属于重大传染病，包括鼠疫和霍乱。由于这两种传染病一旦暴发则传染力强、人群易感性高、致死率高、传播范围广、治疗措施有限，因此，需要及时对感染人群进行隔离救治。另外，乙类传染病中的非典型肺炎、新型冠状病毒肺炎（疫情暴发初期）虽然划分为乙类，但由于其危险程度高所以按照甲类传染病进行管理。[①]

重大传染病疫情，是指某种传染病在短时间内发生，波及范围广泛，出现大量的患者或死亡病例，其发病率远超常年的发病率水平。

根据世界卫生组织（WHO）发表的《世界卫生统计报告》表明：危害人群健康最严重的 48 种疾病中，传染病和寄生虫病占 40 种，占患者总数的 85%。1995 年全世界因传染病死亡的人数达 1700 万人（其中大量是有疫苗可预防的传染病儿童）。并且，新的传染病还在源源不断地出现。自 20 世纪 80 年代以来，新增加了 30 多种新传染病，如艾滋病、疯牛病，以及病毒性肝炎的丙型、丁型、戊型、庚型等。随着卫生条件的改善和医疗的进步，2015 年，全球死于各种常见传染病的人数已降至约 974.7 万人。

传染病是危害人类健康的大敌，大规模传染病的流行，古人称为"瘟疫"。

历史上，人类饱受瘟疫之苦。公元前 430 年左右，一场疾病几乎摧毁了整个雅典。在一年多的时间里，雅典的市民生活在噩梦之中，人们像羊群一样死

---

① 2022 年 12 月 26 日，国家卫生健康委发布 2022 年第 7 号公告，将"新型冠状病毒肺炎"更名为"新型冠状病毒感染"。自 2023 年 1 月 8 日起，解除对新型冠状病毒感染采取的甲类传染病预防、控制措施。

去。后来，一位医生发现用火可以防疫，从而挽救了雅典。

新中国成立之前由于城乡卫生条件极差，鼠疫、霍乱、天花等烈性传染病流行猖獗。五大寄生虫使数千万人患病，新中国成立初期我国就有 1100 多万人患血吸虫病、3000 余万人患疟疾、2400 万余人感染丝虫病、50 余万人患黑热病。

新中国成立之后，政府把防治危害严重的传染病作为卫生工作的中心任务。通过大规模的爱国卫生运动等卫生防疫工作，消灭了鼠疫、霍乱、天花等烈性传染病。然而，人类要征服传染病，道路依然曲折漫长。

人类社会各个不同的发展阶段，一直饱受传染病的困扰，可以说人类发展史也是一部与传染病的斗争史。历史上令人闻风色变的传染病，如天花、鼠疫、流感等曾夺走数以亿计人的生命。随着传染病防治水平的不断提高，全球范围内传染病的传播和流行得到了有效控制，但是发病人数依然居高不下。

就中国而言，2020 年全国（不含香港、澳门特别行政区和台湾地区）共报告法定传染病 5 806 728 例，死亡 26 374 人。

在重大传染病中，病毒性肝炎、肺结核、梅毒位居前列，目前我国约有 1.2 亿例乙肝病毒慢性携带者，每年新增乙肝患者 100 万例左右；我国结核病患者数量居世界第 2 位，每年新增结核感染病例 80 万例左右。

4.2.2　人类历史上重大传染疾病

人类历史上曾经发生了很多重大的传染病，特别重大的可称为"瘟疫"。其中，在世界范围内产生广泛影响的、比较典型的重大传染疾病有以下几种。

（1）天花

天花是最古老也是死亡率最高的传染病之一。大约公元前 1100 年，印度或埃及出现急性传染病天花。公元前 3—前 2 世纪，印度和中国流行天花。165—180 年，罗马帝国天花大流行，1/4 的人口死亡。6 世纪，欧洲天花流行，10% 的人口死亡。17—18 世纪，天花是欧洲最严重的传染病，死亡人数高达 1.5 亿人。19 世纪中叶，中国福建等地天花流行，病死率超过 1/2。1900—1909 年，沙皇俄国因天花死亡 50 万人。

（2）鼠疫（黑死病）

鼠疫在历史上有 3 次大暴发。

第一次鼠疫起源于 542 年暴发于查士丁尼大帝统治下的东罗马拜占庭帝国，总死亡人数在 20 万人以上，并从那里传播到欧洲，使欧洲南部 1/5 的人口丧命。它以后五六十年间又有几起流行，估计总死亡人数达 1 亿人。

第二次鼠疫起源于中世纪，延绵数百年。也正是这一次的恐怖，奠定了鼠疫"黑死病"的恐怖名头。1348—1351 年在欧洲迅速蔓延，死亡人数达 6200 万人（有的说是 3000 万人）。1350—1400 年欧洲人的寿命从 30 岁缩短到仅仅 20 岁。直到 16 世纪末，欧洲每 10 年就发生一次鼠疫流行高峰。整个 16—17 世纪，鼠疫仍是威胁欧洲人生命的头号元凶，至少有 2500 万人死于鼠疫。

第三次鼠疫发生于 1894 年，在中国香港地区暴发，20 世纪 30 年代达到最高峰，波及亚洲、欧洲、美洲、非洲和澳洲的 60 多个国家，死亡逾千万人。

（3）甲型流感（猪流感 & 禽流感）

流感病毒分为 3 个型别，即甲型、乙型和丙型。其中，甲型流感病毒是我们较为熟悉的一种，也是最危险的一种。历史上最骇人的一场流感发生于 1918 年，这场全球性流感曾造成全世界约 10 亿人感染，2500 万～4000 万人死亡（当时世界人口约 17 亿人）。其罪魁祸首就是名为 H1N1 的甲型流感病毒。

H1N1 病毒一直在变异，到现在还没有被消灭。近年来流行的 H5N1、H7N9 都是对人类危害较大的禽流感。

（4）霍乱

19 世纪初至 20 世纪末，大规模流行的世界性霍乱共发生 8 次。1817—1823 年，霍乱第一次大规模流行，从"人类霍乱的故乡"印度恒河三角洲蔓延到欧洲，仅 1818 年前后便使英国 6 万余人丧生。

据世界卫生组织官网介绍，全世界每年 130 万～400 万人感染霍乱，2.1 万～14.3 万人死亡。

（5）疟疾

第一次世界大战时期，殖民非洲、亚洲等地的欧洲部队发生了疟疾大流行，特别是在东非的英军，感染疟疾丧生者达 10 万人以上。现在，疟疾已成为全球最普遍、最严重的热带疾病之一，每年逾 40 万人死于病媒蚊传播的疟疾，大多是非洲儿童。

（6）艾滋病

1981 年美国发现了首例艾滋病病例。艾滋病（AIDS）是一种危害性极大的传染病，由感染艾滋病病毒（HIV）引起。HIV 病毒主要攻击人体免疫系统中最重要的 CD4T 淋巴细胞，使人体易于感染多种疾病，并可发生恶性肿瘤，病死率较高。

根据联合国艾滋病规划署数据，全球范围内艾滋病病毒携带者和艾滋病患者（HIV/AIDS）人数从 2013 年年末的 3430 万人增至 2018 年年末的 3790 万人，携带者数量仍逐年增长。仅 2020 年，全球约有 68 万人死于艾滋病。

（7）非典型肺炎（SARS）

非典型肺炎为一种由 SARS 冠状病毒（SARS-CoV）引起的急性呼吸道传染病，世界卫生组织（WHO）将其命名为重症急性呼吸综合征。本病为呼吸道传染性疾病，主要传播方式为近距离飞沫传播或接触患者呼吸道分泌物。

非典型肺炎于 2002 年在中国广东发生，并扩散至东南亚乃至全球，直至 2003 年中期疫情才被逐渐消灭。截至 2003 年 8 月 16 日，中国内地累计报告非典型肺炎临床诊断病例 5327 例，死亡 349 例；中国香港死亡 300 人；中国台湾死亡 180 人；加拿大死亡 41 人；新加坡死亡 33 人；越南死亡 5 人。

（8）新型冠状病毒肺炎

新型冠状病毒肺炎（COVID-19），简称"新冠肺炎"，世界卫生组织命名为"2019 冠状病毒病"，指 2019 年新型冠状病毒感染导致的肺炎（急性呼吸道传染病）。截至欧洲中部时间 2022 年 1 月 13 日，全球确诊病例达到 3.15 亿人，死亡病例达到 551 万例。

4.2.3　我国在应对重大传染病方面的进展

随着全球人口流动越发频繁、气候变暖、生态环境和人类行为方式的变化，传染病流行病学也随之发生变化，给传染病的防控带来了新的挑战。针对影响传染病流行的各个环节和要素，我国科研工作者开展了大量工作，在重大传染病流行病学研究方面取得了显著进展，对于重大传染病的流行特点、分布规律及影响传染病流行的因素研究更为系统，完善了传染病疫情和突发公共卫生事件监测系统，显著提升了我国新发疫病的应急处置和管理能力。

面向国际科技前沿，围绕传染病防控重大急迫需求，借助生物分子互作技术、生物分子标记技术、单细胞测序技术等前沿生物学技术，精确分析与病原互作的宿主分子类型及功能，揭示了重要传染病的天然免疫机制，明确了病原致病与免疫的关键分子，为传染病的发病与免疫机理提供了新认识。

突破了一批国际前沿水平的防控技术，建立了 72 小时内筛查检测 300 种已知病原和 4 ～ 5 小时完成常见病原体现场检测等多种综合检测方法与体系。通过核心技术突破和关键技术集成，构建了全球最大的突发急性传染病预警、监测、实验研究体系，在病原监测预警、检测、确证和患者应急救治等方面突破了一批关键技术。通过核心技术突破和关键技术集成，使我国传染病科学防控自主和创新能力达到国际先进水平，为有效应对重大突发疫情，实现新冠肺炎、艾滋病、乙肝、肺结核、甲型 H1N1 流感、H7N9 流感等重大传染病的控制提供了强有力的科技支撑。

2003 年以来，我国重大突发公共卫生事件的应对机制不断完善。初步形成应急管理体制，建立了"传染病疫情和突发公共卫生事件信息报告系统"监测体系，医疗和执法监督队伍初具规模，初步形成部门协调配合机制。

我国成功应对 SARS、H1N1、H7N9、鼠疫等突发急性传染病疫情，维护了社会稳定；统筹国内国际两条战线，实现埃博拉出血热疫情国内防控工作"严防控、零输入"和援非抗疫工作"打胜仗、零感染"双重胜利，得到世界卫生组织和国际社会的广泛肯定。新冠肺炎疫情的防控，也反映出我国已经有一套应对突发公共卫生事件的独特做法和经验。

疫苗是预防和控制传染病最经济、最有效的手段。1978 年，我国全面启动大规模的免疫规划工作，对结核病、白喉、脊髓灰质炎、麻疹、流脑、乙脑等

6种传染病实施免费疫苗接种；2002年，国务院决定将乙肝疫苗纳入国家免疫规划，此后我国新生儿乙肝疫苗接种率始终保持在95%以上，通过大规模实施全国免疫规划，大幅降低了乙肝的流行水平；2007年免疫规划疫苗种类增加至可预防15种疾病，疫苗接种率保持在90%以上；2012年，我国消除了新生儿破伤风。

我国成功消灭或根除了天花，鼠疫、疟疾、霍乱、血吸虫病、脊髓灰质炎等也已接近消除。我国在防控新发传染病方面已取得了长足的进步，免疫规划疫苗针对传染病的总体发病率和死亡率降低至历史最低水平。

4.2.4　常见的传染病分类

根据传染病的危害程度和应采取的监督、监测、管理措施，参照国际上统一分类标准，结合中国的实际情况，将全国发病率较高、流行面较大、危害严重的37种急性和慢性传染病列为法定管理的传染病，分为甲、乙、丙三类，实行分类管理。

（1）甲类传染病

甲类传染病也称为强制管理传染病，包括鼠疫、霍乱。

对甲类传染病发生后报告疫情的时限，对患者、病原携带者的隔离、治疗方式及对疫点、疫区的处理等，均强制执行。

（2）乙类传染病

乙类传染病也称为严格管理传染病，包括传染性非典型肺炎、新型冠状病毒肺炎、艾滋病、病毒性肝炎、脊髓灰质炎、人感染高致病性禽流感、麻疹、流行性出血热、狂犬病、流行性乙型脑炎、登革热、炭疽、细菌性和阿米巴性痢疾、肺结核、伤寒和副伤寒、流行性脑脊髓膜炎、百日咳、白喉、新生儿破伤风、猩红热、布鲁氏菌病、淋病、梅毒、钩端螺旋体病、血吸虫病、疟疾、甲型H1N1流感（原称人感染猪流感）。

对乙类传染病要严格按照有关规定和防治方案进行预防和控制。其中，传染性非典型肺炎、新型冠状病毒肺炎（疫情暴发初期）、炭疽中的肺炭疽、人感染高致病性禽流感和甲型 H1N1 流感这几种传染病虽被纳入乙类，但可直接采取甲类传染病的预防、控制措施。

（3）丙类传染病

丙类传染病也称为监测管理传染病，包括流行性感冒、流行性腮腺炎、风疹、急性出血性结膜炎、麻风病、流行性和地方性斑疹伤寒、黑热病、包虫病、丝虫病，除霍乱、细菌性和阿米巴性痢疾、伤寒和副伤寒以外的感染性腹泻病。

对丙类传染病要按国务院卫生行政部门规定的监测管理方法进行管理。

此外，按照传播途径的不同，传染病还可以分为四大类：呼吸道传染病、消化道传染病、血液传染病和体表传染病。例如，呼吸道传染病是指病原体侵入呼吸道黏膜以后所引起的传染病，包括流行性感冒、白喉、百日咳等。

4.2.5　动物疫情

动物疫情，是指动物疫病发生、流行的情况，包括家畜家禽和人工饲养、合法捕获的其他动物。动物疫情涉及动物的饲养、屠宰、经营、隔离、运输等活动。

重大动物疫情，是指高致病性禽流感等发病率或者死亡率高的动物疫病突然发生，迅速传播，给养殖业生产安全造成严重威胁、危害，以及可能对公众身体健康与生命安全造成危害的情形，包括特别重大动物疫情。

（1）一类动物传染病

一类动物传染病是指对人畜危害严重，需要采取紧急、严厉的强制预防、控制、扑灭等措施的疫病。包括口蹄疫、猪水泡病、猪瘟、非洲猪瘟等。

出现一类动物传染病，县级兽医主管部门应当立即上报疫情，在迅速展开疫情调查基础上由同级人民政府发布封锁令对疫区实行封锁；在疫区内采取彻底的消毒灭原措施；对受威胁区易感动物展开紧急预防免疫接种。

（2）二类动物传染病

二类动物传染病是指可造成重大经济损失，需要采取严格控制、扑灭措施的疫病。包括狂犬病、布鲁氏菌病、炭疽、牛结核病、马传染性贫血等。

发现二类动物传染病，应立即上报疫情；在迅速展开疫情调查的基础上，由同级畜牧兽医主管部门划定疫区和受威胁区；在疫区内采取彻底的消毒灭原措施；对受威胁区内的易感动物展开紧急预防免疫接种。

（3）三类动物传染病

三类动物传染病是指常见多发、可能造成重大经济损失、需要控制和净化的疫病。包括大肠杆菌病、牛流行热、马流行性感冒、猪传染性胃肠炎等。

发生三类动物传染病时，当地人民政府和畜牧兽医部门应当按照动物疫病预防计划和国务院畜牧兽医行政管理部门的有关规定，组织防治和净化。

4.2.6　疫情防控应对措施

传染病在人群中的发生、传播和终止的过程，称为传染病的流行过程。传染病的流行，必须具备3个基本环节：传染源、传播途径和人群易感性。3个环节必须同时存在，才能构成传染病流行。缺少其中任何一个环节，新的传染就不会发生，不可能形成流行。

预防传染病的目的是控制和消灭传染病，保护人民健康。针对传染病流行的3个基本环节，主要预防措施如下。

（1）管理传染源

早期发现、早期诊断、早期治疗，是控制传染源最重要的措施。

《中华人民共和国传染病防治法》规定，管理的传染病分甲、乙、丙三大类。

医疗机构发现甲类传染病时，应当及时采取下列措施：

①对病人、病原携带者，予以隔离治疗。隔离期限，根据医学检查结果确定。

②对疑似病人，确诊前，在指定场所单独隔离治疗。

③对医疗机构内的病人、病原携带者、疑似病人的密切接触者，在指定场所进行医学观察，采取其他必要的预防措施。

④拒绝隔离治疗，或者隔离期未满擅自脱离隔离治疗的，可以由公安机关协助医疗机构，采取强制隔离治疗措施。

⑤医疗机构发现乙类或者丙类传染病病人，应当根据病情，采取必要的治疗和控制传播措施。

⑥医疗机构对本单位内被传染病病原体污染的场所、物品以及医疗废物，必须依照法律、法规的规定，实施消毒和无害化处置。

国家卫生部门还特别规定，对乙类传染病中的新型冠状病毒肺炎（疫情暴发初期）、传染性非典型肺炎、炭疽中的肺炭疽和人感染高致病性禽流感，采取甲类传染病的预防、控制措施。也就是说，对于各种传染病，依据其传播方式、传播速度及对人类危害程度的不同，实行分类管理。例如，鼠疫、霍乱、传染性非典型肺炎、新型冠状病毒肺炎等，必须进行强制管理。其余传染病，如人感染高致病性禽流感、麻疹、流行性乙型脑炎、登革热、炭疽等，进行严格管理。

（2）切断传播途径

传播途径是指病原体要通过何种方式从一处到达另一处，从而引发另一个体患有传染病的途径。正如我们要去外地出差，需要乘坐高铁、飞机、火车等一些交通工具才能到达目的地一样，病原体需要通过飞沫、唾液、呼吸道、消化道等途径，从一处去往另一处，从一个个体进入另一个个体，从而达到继续传播疾病的目的。

因此，传播途径是一种病原体的"交通工具"。只要把这种途径切断，那么，病原体就很难去往它要去的地方，从而减少疾病的传播。

隔离和消毒，是切断传播途径的重要方式。对于传染性强、病死率高的传染病，如鼠疫、霍乱、狂犬病、新型冠状病毒感染的肺炎等，被隔离人员应住单人病房，严密隔离。有一些经呼吸道飞沫和分泌物传播的疾病，如传染性非典型肺炎、流感、流脑和百日咳等患者，应进行呼吸道隔离。其他隔离方式还包括消化道隔离、接触隔离、昆虫隔离、血液体液隔离等。

根据传染病的不同传播途径，需要采取不同的防疫措施。预防肠道传染病，要做好床边隔离，吐泻物消毒，加强饮食卫生及个人卫生，做好水源及粪便管理。预防呼吸道传染病，应使室内开窗通风，空气流通、空气消毒；个人戴口罩。预防虫媒传染病，应有防虫设备，并采用药物杀虫、防虫、驱虫。

（3）保护易感人群

保护易感人群，对个人来说主要包括改善营养、加强锻炼、提高人群的免疫力等。

提高人群的免疫力，有非特异性措施和特异性措施。非特异性措施包括参加体育活动，增强体质；注意卫生习惯；均衡营养；改善居住条件等。特异性措施分为主动免疫和被动免疫。被动免疫，是通过给易感者注射针对某种传染病的特异性抗体，达到迅速、短暂的保护作用。主动免疫，则是通过注射（或服用）某种传染病的疫苗、菌苗或类毒素，使易感者体内产生免疫力。有时主动免疫与被动免疫联合使用，可提高预防效果。

对于预防传染病来说，最有效的措施还是进行预防接种。有的传染病是终生免疫的。例如，一个人如果曾经感染某种传染病，治愈后就会获得该病的永久免疫力，不会再次患上这种疾病，如水痘。

在人群中流行的传染病有很多种，但我们现在能够使用的疫苗种类有限。很多疾病，如丙型肝炎、戊型肝炎、艾滋病等，都还没有疫苗可用。因此，保护易感人群，主要还是靠提高自己的抗病能力、改善环境、个人养成良好的卫生习惯等一般措施。

4.2.7　新冠肺炎防护建议

新冠肺炎传播途径主要为直接传播、气溶胶传播和接触传播。

直接传播是指患者喷嚏、咳嗽、说话的飞沫，呼出的气体，近距离直接吸入导致的感染；气溶胶传播是指飞沫混合在空气中，形成气溶胶，吸入后导致感染；接触传播是指飞沫沉积在物品表面，接触污染手后，再接触口腔、鼻腔、眼睛等黏膜，导致感染。

对于新型冠状病毒所致疾病，目前还没有特异治疗方法。对于普通百姓而言，最重要的是做好个人防护，努力远离新型冠状病毒；提高免疫力，避免被病毒感染。

（1）加强个人防护

尽量避免前往人群密集的公共场所。避免接触发热呼吸道感染患者，如需接触时，要科学佩戴口罩。

勤洗手。包括在制备食品之前、期间和之后，咳嗽或打喷嚏后，照护患者时，饭前便后，手脏时，在处理动物或动物排泄物后，立刻用肥皂或含有酒精的洗手液和清水洗手。

不要随地吐痰。在自己咳嗽或打喷嚏时，应用口罩、纸巾、手绢或袖口将口鼻完全遮住，然后将用过的纸巾立刻扔进封闭式垃圾箱内，并洗手。

居室保持清洁，勤开窗，经常通风。

（2）如果没有禁忌，接受疫苗接种

接种疫苗是预防新冠肺炎最经济、最有效的措施，符合接种条件无接种禁忌的人，应积极主动尽早接种。

（3）避免接触可能的病源

避免去疫情正在流行的地区。

尽量避免在未加防护情况下与养殖或野生动物近距离接触；避免与生病的动物和变质的肉接触；避免与生鲜市场里的流浪动物、垃圾废水接触。

将肉和蛋类彻底煮熟食用；处理生食和熟食之间要洗手；切菜板及刀具要分开。

如果生病了，应避免与他人共用盘子、眼镜、毛巾、被褥和其他家庭用品。每天清洁和消毒高频率接触物表面，如门把手、电灯开关、电子设备和台面。

（4）注意饮食均衡和营养

均衡和富有营养的饮食，对于提高人体免疫力也是至关重要的。

最好常吃杏仁之类的坚果。坚果中的维生素 E 有助于修复受损的细胞，并减少炎症的发生。

柑橘和橙子等富含丰富维生素 C 的水果，有助于提高人体免疫力。

酸奶也是一种非常健康的食物。酸奶里所含的益生菌有助于肠胃蠕动，加速毒素排出，从而提高人体的免疫力。

（5）保持优质的睡眠和适度的体育运动

高质量的睡眠对于增强免疫力非常重要。这也有助于人们减轻压力。成年人每天需要 6～8 小时的睡眠，最佳睡眠时段是在夜晚。

每天应至少进行 1 小时的体育锻炼，以增强自身免疫力。可以通过腹式呼吸、步行、慢跑、做操等，改善肺部的血液循环，提高肺活量，预防肺部感染性疾病的发生。

（6）做好健康监测，及时就医

出现发热、乏力、干咳等症状或其他不适宜旅行的疾病时，应推迟或取消旅行。旅行归来，继续做好个人健康监测。一旦出现身体不适，及时就医，并主动告知医生自己的旅行史。

4.3　食品安全事件

4.3.1　食品安全事件概述

食品，指各种供人食用或者饮用的成品和原料及按照传统既是食品又是药品的物品，但是不包括以治疗为目的的物品。

食品安全，指食品无毒、无害，符合应当有的营养要求，对人体健康不造成任何急性、亚急性或者慢性危害。

食品安全事件，也称食品安全事故。指食物中毒、食源性疾病、食品污染等源于食品，对人体健康有危害或者可能有危害的事故。

造成食品安全问题的原因可以是多方面的。其中，食品安全的源头控制不良是主要原因之一。食品行业是一个特殊的行业，其原材料直接来源于农林牧副渔产品，因此，第一产业发展的规范性水平和质量安全水平直接影响着食品安全控制的力度。

食品产业经营者缺乏社会责任感，也是产生问题的常见原因。例如，震惊世界的三聚氰胺毒奶粉事件及鸭蛋中添加苏丹红事件，都是从业者为了利润，对食品安全不负责任，铤而走险，最终造成严重后果。

消费者缺乏防范意识、识别能力不足、管理部门监管不到位等，也为食品安全事件的发生提供了更多机会。

食品安全的危害是长久的、多方面的，并且是容易引发重大社会危险事件的，它不仅具有威胁健康和生命的直接性危害，还会造成间接的长远性危害。例如，三聚氰胺毒奶粉事件、苏丹红鸭蛋事件，就对我国奶业企业和腌渍企业造成了长时间的打击，在三聚氰胺奶粉事件之后的 10 年，我国奶业企业发展十分滞后，很多家庭在选择奶粉时根本不考虑国产品牌，消费者对于国产乳制品信心非常低迷。这种由食品安全问题所引发的行业问题、社会问题甚至是经济问题会加剧社会资源的分配问题，造成一个行业的没落，影响我国经济的平稳发展。

食品卫生安全是保障人类和公共卫生的重要课题。自从在乳制品中出现三聚氰胺引起社会广泛关注以来，如何有效加强对食品安全的监管已成为政府和社会面临的重要问题。

4.3.2 我国食品安全的现状

2003 年阜阳劣质奶粉事件，以及随后出现的苏丹红鸭蛋、三聚氰胺毒奶粉、皮革奶、瘦肉精、地沟油与染色馒头等一系列重大食品安全事件，触目惊心，为人们敲响了警钟。

2013—2018 年，国家颁布了 7 部食品安全相关国家法律，48 部行政法规和 37 部部委规章。2013 年，我国成立食品药品监督管理总局，其由几个与食品安全相关的部门整合而来。2015 年，我国正式实行《中华人民共和国食品安全法》，制定了关于食品安全事件的具体处理办法。2018 年，组建了具体承担国务院国家食品安全职责的国家市场监督管理总局，负责农畜产品质量安全的农业农村部，以及国家卫生健康委员会。

经过共同努力，国内食品安全形势总体趋稳向好，2020 年，我国食品总体抽检合格率、主要农产品检测合格率、进出口食品抽检合格率及食品相关产品合格率均在 97% 以上。其间未发生系统性区域性重大及以上食品安全突发事件，重点食源性疾病基本得到控制。

消费者对于食品安全的关注度也在不断上升，但是在食品抽检中仍存在一些安全问题。例如，在一些农作物的种植过程中使用过量的农药，农作物在加工之前有大量的农药残留，食品在加工的过程中遭到污染等。从社会上暴露出的问题来看，我国食品安全管理还需进一步加强。

2020 年 5 月，在湖南省郴州市出现的"大头娃娃"事件，又一次牵出了假奶粉问题，利用固体饮料来冒充婴儿奶粉，导致婴儿的生长发育迟缓。这是在 2008 年三聚氰胺毒奶粉重大食品安全事件后的又一起奶粉事件。

2021 年，中央广播电视总台"3·15"晚会曝光了号称"养羊大县"的河北省青县养羊产业中喂养瘦肉精的问题；知名火锅品牌小龙坎因"用扫帚捣制冰机"登上热搜；9 月 24 日，市场监管总局发布《关于 7 批次食品抽检不合格情况的通告》，安纽希婴儿配方奶粉抽检不合格；10 月，奈雪的茶被曝饮品菌落总数超标、厨房操作间不规范等食品安全问题……

当下，我国在食品安全方面经常会出现的问题包括：食品加工或者输送过程中安全防范不到位；食品生产过程中过量使用农药或者激素等；生产设备不完善，没有配备相关的卫生设备和生产装置；消费者不具备食品安全意识等。这些问题，都容易导致食品安全事件的发生。

4.3.3 食品安全事件的特点

与其他公共卫生事件相比，食品安全事件有一些独特的特点，主要表现在以下 3 个方面。

（1）渐进性和突发性

食品安全事件具有渐进性和突发性的特点。尽管大多数事件在早期具有隐匿性，以致人们在开始阶段难以识别，但在经过一个渐进的过程后，会发生量到质的转变。

例如，2008 年三聚氰胺污染婴幼儿奶粉事件，2008 年 3 月，江苏省南京市儿童医院发现罕见的婴幼儿泌尿系统结石，直到 2008 年 9 月，全国多个地区（包括陕西、宁夏、湖南、湖北、山东、安徽、江西、江苏等地）陆续出现类似的婴幼儿患儿，这才真正引起人们的关注。短时间内大量出现泌尿系统结石患儿，体现了这起事件的突发性。但早在 2007 年 7 月，含有三聚氰胺用于原奶添加的"蛋白粉"就已流入市场，三鹿集团也早在 2008 年以前就接到消费者投诉，食品安全事件的"症状"已逐渐显露，经历了早期隐藏、渐进发展的过程。

（2）散发性和群发性

食品安全事件既可能体现点源暴发的群发性，也可能体现散在分布的散发性。

造成人群疾病的食品安全事件，往往一发生就涉及较广的范围，带来较大的影响。有部分事件是不同地区的人们在不同时期食用同一种受污染的食品，发病后与其他地区、其他时间发生的病例之间未呈现明显的聚集性；或者因监测系统灵敏度或监测技术水平的制约，难以发现实际同源致病病例之间的关联性，此类事件早期往往难以判断是否为食品安全事件。

（3）严重性和紧急性

食品安全事件可能影响公众健康和生命安全，影响政府公信力和行业经济发展，涉及社会生活的方方面面，因而食品安全事件也具有严重性特征。

例如，1998 年 1 月下旬，山西省朔州等部分地区相继发生了因饮用含高浓度甲醇的假酒所致的急性中毒事件，短短数日内因饮用假酒导致 222 人中毒入院接受救治，27 人死亡。

食品安全事件的来势常常是迅速的、紧急的，表现为需要迅速救治，涉及范围广，潜在危害大，影响严重，需要及时处理。因为紧急，所以需要预防；因为紧急，所以需要常态化，需要做好日常的准备工作，包括加强对食品安全事件的监测、评估和预警等。

4.3.4 食品安全事件的分类

根据不同的分析角度、因素和标准，食品安全事件可进行不同的分类。

（1）根据事件危害程度和波及范围等分类

根据事件性质、危害程度、波及范围、产生原因、存在形态等因素进行分类，通常可以将食品安全事件分为4级：特别重大食品安全事件（Ⅰ级）、重大食品安全事件（Ⅱ级）、较大食品安全事件（Ⅲ级）和一般食品安全事件（Ⅳ级）。事件等级的评估核定，由卫生行政部门会同有关部门依照有关规定进行。

（2）按事件性质分类

根据《中华人民共和国食品安全法》，食品安全事件按性质可以分为食品污染、食源性疾病和食物中毒3类。

食品污染是指在各种条件下，导致有毒有害物质进入食物，造成食品安全性、营养性和感官性状发生改变的过程。食品污染造成的人体健康危害，可以表现为急性（如食物中毒）、慢性危害（如致畸、致癌等）或引起其他特殊的毒性作用。

食源性疾病是指食品中致病因素进入人体引起的感染性、中毒等疾病。包括常见的生物性致病因子或化学性有毒有害物质所引起的疾病。

食物中毒是指食用了被有毒有害物质污染的食品或者食用了含有毒有害物质的食品后出现的急性、亚急性食源性疾病。中毒的原因可以是食品被病原生物或化学品污染、食用有毒动植物，以及把有毒有害的非食品当作食品误食等。其发病特点是非传染性的急性、亚急性疾病。

以上3类食品安全事件并非截然不同，而是既有共性，又有个性；3类食品安全事件也并非相互独立，而是可能有所交叉甚至相互包含。

（3）按致病因子分类

按致病因子，食品安全事件可分为：细菌导致的食品安全事件、病毒导致的食品安全事件、寄生虫导致的食品安全事件、有毒动植物导致的食品安全事件、化学性致病因子导致的食品安全事件和非食用物质导致的食品安全事件6类。

细菌导致的食品安全事件，多数是因为摄入被致病性细菌或其毒素污染的食品而引起；病毒导致的食品安全事件，多数是因为摄入被病毒污染的食品和水而引起；寄生虫导致的食品安全事件，主要包括旋毛虫、猪（牛）带绦虫等；有毒动植物导致的食品安全事件，主要包括有毒鱼类（如河豚、含大量组胺的不新鲜或腐败的青皮红肉鱼）、有毒贝类（如麻痹性贝类）、毒蕈、苦杏仁及木薯等；化学性致病因子导致的食品安全事件，主要包括农药残留或污染、兽药残留、环境污染（二噁英、多氯联苯、重金属等）等；非食用物质导致的食品安全事件，如三聚氰胺、工业酒精等。

此外，根据食品安全事件产生的原因，还可分为不可预知的食品安全突发事件和人为的食品安全突发事件；根据存在形态，分为显性的食品安全突发事件和隐性的食品安全突发事件；根据引发事件发生的食品种类，可分为物理性食品安全突发事件、化学性食品安全突发事件和生物性食品安全突发事件。

4.3.5　食品安全事件的预防

食品安全涉及食品的各个环节，如食品供应、生产、加工等。当然，最重要的是要依法做好各个环节的监督管理工作。为了有效预防食品安全问题，需要进行多方面的努力。

（1）加强食品管理体系和法律法规建设

目前，我国对食品监管的法律法规仍然不健全。尤其是随着市场的发展和变化，新型的食品层出不穷，大部分新食品的上市速度都比较快，而相关法律相对滞后。我国一些食品的相关管理标准也低于欧盟、澳洲等，对一些已经出现违法生产超低标准或者不合格标准的食品厂家采取的处罚措施不够严厉，威慑作用不足，在对生产经营加工者行为进行良好规范方面尚有很大的提升空间。

因此，需要加强立法保障与执法支持，不断完善法律措施。通过立法和执法双重手段，更好地解决消费者的投诉问题，避免相互推诿，同时建设更高标准的食品监管体系。对于不合格生产的企业进行严厉打击，提高处罚标准。

通过集中安全监督职能，明确权利和责任，并在此基础上建立相对有效和可靠的协调机制，实现保证食品安全和质量的目的，并尽量降低食品安全管理成本。

（2）加强从源头上对食品进行安全管理

国家要从源头上对食品安全问题进行管理。例如，通过土地流转推动农村土地经营权的整合推广，大规模的机械作业和家庭农场等大规模的养殖，使食品的种植、生产、加工在安全性方面更有保障，应用先进的技术手段替代传统落后的生产手段，让原材料的质量更好，整个生产流程更可控。

（3）加强对食品生产行业秩序的监管

引领行业组织发挥自身作用，进行必要的财政和税收政策调整，加强对食品安全生产全流程的严格监管，使企业家更富有社会责任感；对违法生产的企业严厉惩处。

通过行业委员会及社会第三方组织、政府平台的综合监管，使违法行为可以得到全面曝光；通过建立行业委员会等方式究查纠错，避免严重食品安全事件的发生。

（4）加强食品生产企业工艺质量的检查和控制工作

为了确保产品质量相关测量数据的准确性，在操作过程中必须及时、准确地记录各种食品的加工参数，并在出现产品质量问题时及时找出导致问题的根本原因。

对于食品加工和生产部门的管理人员来说，应建立明确的责任制，在食品制造和加工的各个阶段设置相应的负责人，并在食品制造和加工各个阶段实施严格的安全措施。

必须严格遵守国家标准要求，并在每个生产环节对产品质量进行严格控制，严禁不合格产品进入市场，确保进入市场的产品符合标准要求。

（5）加强对消费食品的安全宣传教育

通过多媒体、社交媒体等更加广泛的宣传渠道，对消费者进行更广泛、更全面的宣传，使消费者对食品安全问题有普遍的常识性认知；使消费者通过一目了然的产品说明书，了解到产品的生产时间、保质日期、营养价值含量及具体的配料表成分，加强消费者对于食品安全问题的重视。

政府还可以发放一些有关食品的消费券等，引导消费者追求更高质量的食品，为消费者购买产品解决后顾之忧，提高其综合选择能力。

4.3.6　食品安全事件的处置和应对

应对群体食物中毒与食品安全危机事件，应采取科学的事件处置原则和程序，把保障公众健康和生命安全作为应急处置的首要任务，以最大限度地减少食品安全事件造成的人员伤亡和健康损害。

（1）及时报告

发生群体食物中毒事件或食品安全危机事件后，事件发生单位或接收患者进行治疗的单位，应当及时向事件发生地相关食品安全监管部门或卫生行政部门报告。

（2）保护现场，以便调查处理

发生群体食物中毒事件或食品安全危机事件后，事件发生单位在立即组织救治患者的同时，应当妥善保护可能造成事件的食品及其原料、工具、设备和现场，不得转移、毁灭相关证据。

有关单位和个人，应当配合食品安全监管部门及有关部门对食品安全危机事件进行调查处理，按照要求提供相关资料和样品，不得拒绝。任何单位或者个人不得阻挠、干涉食品安全危机事件的调查处理。

（3）立即核实和报告

有关监管部门和其他部门在发现或接到食物中毒事件、食品安全危机事件及相关信息或接报后，应立即核实。如情况属实，应及时向食品药品监督管理部门报告。

（4）在现场进行有效处置

接到食品安全危机事件及相关信息后，食品药品监督管理部门会同相关单位，根据各自职责，依法采取必要措施，防止或者减轻事件危害，控制事态蔓延；采取必要措施防止食物中毒事件引发的次生、衍生危害。及时组织分析事件发展，及时向事件可能蔓延到的省（自治区、直辖市）地方人民政府通报信息。事件可能影响到境外时，应及时协调港澳办、台办或外交部等有关涉外部门做好相关通报工作。

卫生部门利用医疗资源，组织指导医疗机构开展食物中毒事件患者的救治，以防止或减少人员伤害。

食品药品监督管理部门应依法就地或异地封存与事件有关食品及原料和被污染的食品用设备、工具及容器，待现场调查完结后，责令彻底清洗消毒被污染的食品用设备、工具及容器，消除污染。对确认属于被污染的食品及其原料，责令食品生产经营者依照《中华人民共和国食品安全法》的规定予以召回、停止经营并销毁；检验后确认未被污染的应予以解封。

参与食物中毒事件调查的部门、机构，有权向有关单位和个人了解与事件有关的情况，并要求提供相关资料和样品。

（5）及时发布信息

及时通过媒体发布危机处置的信息，正确引导舆论，在没有事件结论之前，明确态度，讲知识，讲过程。

各级食品安全监管部门应当严格执行"公开为常态、不公开为例外"的要求，采取多种方式，及时公开准确、完整的食品安全监管信息，挤压谣言流传的空间。在信息发布过程中，政府和监管部门不能以大事化小、小事化了的心态隐瞒相关信息，而应该对食品安全突发事件的涉事主体、发生时间、地点、影响情况、主要原因等信息公开透明地发布。同时对突发事件的发展全过程跟踪报道，公布政府和相关部门对突发事件做出的应急决策及采取的应急处置措施和后续计划安排，解除公众疑虑，并满足公众对有关信息的迫切需求。

要充分发挥新闻媒体的社会监督作用，本着公平公正的态度对发生的食品安全事件进行实事求是的报道，让广大消费者能够及时了解有关食品安全问题，让不良商家无处遁形，避免类似问题继续发生。同时，加强新闻媒体的监督作用有利于对不良生产商、销售商等产生震慑作用，从而间接提高食品的安全性。

（6）加强对公众的宣传教育

及时进行风险沟通，宣传科学知识，引导消费，走出误区。明确告诉公众在食品安全危机事件发生后如何做：立即停止食用可疑中毒食物；尽早把患者送往就近医院诊治；及时向当地卫生部门或相应药监部门报告；保护好现场，保留好可疑食物和吐泻物；积极配合相关部门对患者的呕吐物、尿液、粪便、血液等样品进行取样化验；积极配合调查人员回忆、叙述完整的事情经过，并提供可疑食物，以供化验；根据不同的中毒食品，在卫生部门的指导下对中毒场所进行相应的消毒处理。

4.4 职业中毒和急性化学中毒

4.4.1 职业中毒概述

职业中毒是指劳动者在从事生产劳动的过程中，由于接触生产性毒物引起的中毒。

生产性毒物是指在生产过程中使用或产生的可能对人体产生有害影响的化学物质。生产性毒物可以固体、液体、气体或气溶胶的形态存在。就对人体的危害来说，以气体或气溶胶对生产环境造成的空气污染特别值得重视。以固体、液体两种形态存在的毒物，只要不挥发，又不经皮肤吸收，相对危害较小。

生产性毒物可存在于生产过程中的各个环节，如原料、中间产品、辅助材料、成品、副产品、夹杂物或废弃物等。在生产劳动过程中，可能接触到毒物的操作或生产环节主要有：原料的开采与提炼；材料的搬运、储藏、加工；加料与出料；成品处理与包装；采取样品和检修设备等辅助操作；生产中使用，如农业生产中喷洒杀虫剂。

生产性毒物进入人体的主要途径是呼吸道、皮肤，也可以经消化道进入人体。

呈气体、蒸汽、气溶胶状态的毒物可经呼吸道进入体内。进入呼吸道的毒物，通过肺泡直接进入大循环，毒性作用发生快。大部分职业中毒是通过呼吸道进入体内引起的。

在生产劳动过程中，毒物经皮肤吸收而致中毒的情况也较常见。某些毒物可透过完整的皮肤进入体内。例如，有机磷、芳香族的氨基、硝基等脂溶性化合物，同时又具有一定的水溶性，可通过表皮屏障而被人体吸收。

经皮肤吸收途径有两种：一种是通过表皮屏障到达真皮，进入血液循环；另一种通过汗腺，或通过毛囊与皮脂腺，绕过表皮屏障而到达真皮。

毒物经皮肤吸收后不经肝脏而直接进入大循环。除毒物本身的化学性质外，影响经皮肤吸收的因素还有：毒物的浓度和黏稠度，接触皮肤的部位、面积，溶剂种类及外界气温、气湿等。

生产性毒物经消化道进入体内而致职业中毒的机会较少。个人卫生习惯不好和发生意外时（如进食被毒物污染的食物或水源及误服毒物等），毒物可经消化道进入体内，主要是固体、粉末状毒物。

4.4.2　职业中毒的类型

根据 2013 年国家卫生计生委、人力资源社会保障部、安全监管总局、全国总工会印发的《职业病分类和目录》，职业中毒的种类主要有：铅及其化合物中毒、汞及其化合物中毒、锰及其化合物中毒、镉及其化合物中毒、铍病、铊及其化合物中毒、钡及其化合物中毒、钒及其化合物中毒、磷及其化合物中毒、砷及其化合物中毒、铀及其化合物中毒等近 60 种。

也有人概括为金属及类金属中毒、有机溶剂中毒、刺激性气体中毒、窒息性气体中毒、高分子化合物中毒等类型。

由于生产性毒物的毒性、接触时间和接触浓度、个体差异等因素的不同，职业中毒可分为 3 种类型。

（1）急性中毒

急性中毒是指毒物短时间内经皮肤、黏膜、呼吸道、消化道等途径进入人体，使机体受损并发生器官功能障碍，如急性苯中毒等。

急性中毒起病急骤，症状严重，病情变化迅速，不及时治疗常危及生命，必须尽快做出诊断与急救处理。

（2）慢性中毒

慢性中毒指毒物在不引起急性中毒的剂量条件下，长期反复进入机体所引起的机体在生理、生化及病理学方面的改变，出现临床症状、体征的中毒状态或疾病状态，如慢性铅中毒等。

（3）亚急性中毒

亚急性中毒指发病情况介于急性中毒和慢性中毒之间，但有截然分明的发病时间界限。多为蓄积中毒，以意外多见。中毒症状一般较轻，但迁延时间较长，死亡也较慢，如亚急性铅中毒。

4.4.3　职业中毒对人体的危害

生产性毒物通过呼吸道、消化道、皮肤等途径进入人体后，会对人体的组织、器官产生毒物作用，依据不同毒性，可以对人体的神经系统、血液系统、呼吸系统、消化系统、肾脏、骨组织等产生作用。除了会产生局部刺激和腐蚀作用、中毒现象以外，甚至还会产生致突变作用、致癌作用、致畸形作用，还有一些毒物可能会引起人体免疫系统的某些病变。

由于中毒而引起的职业病临床表现非常复杂，同一种毒物经不同途径进入机体吸收后，其毒物作用可以有很大差异，一般经呼吸道吸收较迅速而完全，其次为胃肠吸收，皮肤具有一定的防御作用，但有些毒物易通过皮肤吸收，成为主要进入途径。

职业中毒按其损伤机体的不同系统或器官，大致可分为以下几种。

（1）神经系统病变

慢性轻度中毒早期多有类神经症，甚至精神障碍，脱离接触后可逐渐恢复。有些毒物可损害运动神经的神经肌肉接点，产生感觉和运动神经损害的周围神经病变。有的毒物可损伤锥体外系，出现肌张力增高、震颤麻痹等症状。铅、汞、窒息性气体、有机磷农药等严重中毒可引起中毒性脑病和脑水肿。

（2）呼吸系统病变

可引起气管炎、支气管炎、化学性肺炎、化学性肺水肿、成人呼吸窘迫综合征、吸入性肺炎、过敏性哮喘、呼吸道肿瘤等。

（3）血液系统病变

可引起造血功能抑制、血细胞损害、血红蛋白变性、出凝血机制障碍、急性溶血、白血病、碳氧血红蛋白血症等。

（4）消化系统病变

可引起口腔炎、急性胃肠炎、慢性中毒性肝病、腹绞痛等。

（5）泌尿系统病变

可引起急性中毒性肾病、慢性中毒性肾病、泌尿系统肿瘤，以及其他中毒性泌尿系统疾病、化学性膀胱炎等。

（6）循环系统病变

可引起急慢性心肌损害、心律失常、房室传导阻滞、肺源性心脏病、心肌病和血压异常等。

（7）生殖系统病变

毒物对生殖系统的毒性作用包括对接触者本人和对其子女发育过程的不良影响，即所谓生殖毒性和发育毒性。

（8）皮肤病变

可引起光敏感性皮炎、接触性皮炎、职业性痤疮、皮肤黑变病等。

4.4.4 职业中毒的现场急救

急性职业中毒急救的原则。急性职业中毒的现场急救措施非常重要，如急救及时，措施得当可以减轻中毒程度，避免严重后果，并为下一步治疗打下良好的基础。有学者将职业中毒现场急救总结概括为3个步骤："一离开，二维持，三治疗。"

（1）迅速脱离有毒环境

对于急性中毒者，立即脱离诊断环境、去除毒物污染、及时对症处理。救援人员应根据实际情况佩戴适当的防护用品，迅速将患者移离中毒现场至空气新鲜处或毒害源上风向的安全区域，保持呼吸通畅；立即脱去患者污染的衣服（包括贴身内衣）、鞋袜、手套；用大量流动清水冲洗，同时要注意清洗污染的毛发。

如遇水可发生化学反应的物质，应先用干布抹去毒物，再用水冲洗。接触过毒物的人员在脱离有毒环境后即使感觉良好，也应暂时减少活动，密切观察。

（2）维持中毒者呼吸和心跳

维持中毒者呼吸和心跳是非常重要的。要迅速协助中毒者脱离有毒环境，尽快进行抢救或观察。出现呼吸、心跳停止的患者，应马上进行心肺复苏术，但应尽量采取人工呼吸器，避免用口对口人工呼吸。

（3）积极处置治疗

根据中毒患者的病情进行检伤；按照红、黄、绿标顺序优先处理红标患者；密切观察生命体征，如意识、瞳孔、呼吸、脉搏及血压等变化。

请专业医生进行解毒和排毒，对症治疗，维持生命体征的稳定。

有特效解毒药的中毒，应及早应用特效解毒药治疗；对不明原因的中毒，救援医务人员要尽快查清毒源，明确诊断。

对于处置的中毒患者，做好信息记录和报告。

对于慢性中毒者，应早诊断、早处理，脱离接触，及早应用有关特效解毒剂，及时进行合理对症治疗，适当补充营养和休息，促进患者康复等。

4.4.5　职业中毒的预防措施

职业中毒的预防是保护劳动者健康，控制、减少职业病发生的前提条件，是职业卫生工作的重要内容之一。预防职业中毒可以考虑从以下几个方面采取措施。

（1）加大依法治理力度

卫生行政部门要加强对有毒有害化学品生产、使用单位的监督检查，特别要加强对建筑防水涂料作业的监督检查工作，对违反规定的、不符合规定的，要按照有关法规予以处罚。

各类企业要严格遵守国家有关卫生规定，加强对承包单位和承包人的管理，不得在无防尘防毒设施条件下，将有毒危害产品的生产和加工外包扩散给其他单位和个人，尤其不得给严重缺乏职业安全卫生知识的农民工和打工者。要使用国家认定的产品，在源头上控制有毒有害的三无产品，做好工程项目危害隐患的防范，采取有效措施预防各种严重职业危害，切实保护劳动者的健康。

（2）加强安全生产管理

企业各级领导必须十分重视预防职业中毒工作；在工作中认真贯彻执行国家有关预防职业中毒的法规和政策；结合企业内部接触毒物的性质，制定预防措施及安全操作规程，并建立相应的组织领导机构。

在生产中，利用科学技术和工艺改革，使用无毒或低毒物质代替有毒或高毒物质。

要努力降低工作环境的毒物浓度。降低空气中毒物含量使之达到乃至低于最高容许浓度，是预防职业中毒的中心环节。首先要使毒物不能逸散到空气中，或消除工人接触毒物的机会；对逸出的毒物要设法控制其飞扬、扩散，对散落地面的毒物应及时消除；缩小毒物接触的范围，以便于控制，并减少受毒物危害人数。

降低毒物浓度的方法包括：尽量采用先进技术和工艺过程，避免开放式生产，消除毒物逸散的条件；采用远距离程序控制，最大限度地减少工人接触毒物的机会；用无毒或低毒物质代替有毒物质等。

有毒的作业应与无毒的作业分开，危害大的毒物要有隔离设施及防范手段。

加强通风排毒。应用局部抽风式通风装置将产生的毒物尽快收集起来，防止毒物逸散。常用的装置有通风柜、排气罩、槽边吸气罩等，排出的毒物要经过净化装置，或回收利用或净化处理后排空。

对生产设备要加强维修和管理，防止跑、冒、滴、漏污染环境。

要积极开展自检自查，发现存在的职业危害特别是急性中毒隐患的，要及时采取有效措施，防止事故的发生。

（3）加强职业卫生宣传教育工作，做好个人防护

各类企业、事业单位特别是存在职业危害作业的单位，要切实加强职业卫生工作，做好企业的健康教育和健康促进工作，加强职业卫生知识和职业安全防护的宣传和教育工作。

有毒有害化学品要有明确的警示标识和产品标识，并加强使用和储存的管理。建设施工单位的施工，要重视对作业工人的职业卫生培训，教育职工遵守安全操作规程，配置并督促正确使用防护用具。

做好个人防护与个人卫生，对于预防职业中毒虽不是根本性的措施，但在许多情况下起着重要作用。除普通工作服外，对某些作业工人尚需供应特殊质地或式样的防护服，如接触强碱、强酸应有耐酸耐碱的工作服，对某些毒物作业要有防毒口罩与防毒面具等。为保持良好的个人卫生状况，减少毒物作用机会，应设置盥洗设备、淋浴室及存衣室，配备个人专用更衣箱等。

（4）加强急性职业中毒现场处置能力建设

构建急性职业中毒事故医学应急救援网络，由卫生行政部门牵头，有计划、有步骤地将全市各区（县）具备较强医疗救治能力的医疗机构纳入该网络，同时组织开展化学品中毒机制和现场急救方法、院内急救和特效解毒药品等研究，提高突发化学中毒救治水平。

针对有毒有害物质不断增多和现场情况越来越复杂多变的现状，加大现场检测设备更新投入力度，定期组织开展应急队伍演练，提高急性职业中毒应急系统内专业人员的应急能力和水平。

5 新技术下的应急管理

5.1 国内外防灾减灾新技术应用概况

5.1.1 美国防灾减灾新技术应用情况

自 20 世纪 70 年代开始，发达国家开始重视防灾减灾技术的研发，美国、日本、意大利等发达国家为有效降低地质灾害造成的经济损失和社会影响，率先开展了地质灾害调查评价、监测预警等风险管理工作。

1989 年，联合国提出了"国际减轻自然灾害十年计划"，将减轻自然灾害损失 30% 作为奋斗目标，为降低因灾造成的生命财产损失做出了贡献。1999 年，联合国又提出了"国际减灾战略"，将对自然灾害的简单防御提升到综合风险管理层面。

近几十年来，以美国为首的发达国家，加强了对重大地质灾害的发生机理、风险管理、监测预警、防治理论等薄弱环节和空白领域的研究，形成了基于卫星技术、信息技术、新材料和模拟仿真等综合集成的现代化调查评价、监测预警和综合防治方法技术体系。近年来，科技在美国国家防灾减灾体系建设中的含金量日益加大。

在气象监测方面，美国利用先进的专业技术和现代信息技术，包括"3S"系统（RS——遥感系统，GPS——全球卫星定位系统，GIS——地理信息系统）、极轨卫星、大地同步卫星、多普勒雷达，先进的大气运动分析处理系统及地面观测系统等，建立了具有世界领先水平的国家天气服务系统，对干旱、洪水、龙卷风等气象灾害进行及时、准确的监测预测。

20世纪70年代建立的美国山洪灾害预警指导系统（FFGS），基本实现了山洪灾害的实时监测预警，并在研制基于分布式水文模型的山洪预报系统。这一系统已在美国、非洲、东南亚等多个国家和地区进行推广应用，在分布式水文模型、动态前期含水量计算和降雨监测预报等方面具有领先优势。2016年，美国天气预报中心开始运行美国国家水模型（NWM），实现了520万平方千米、270万条河段的流量变化预测。

在地震监测预报方面，美国建立了3个全国性的地震工程研究中心，建立了多个强震台网，台站、台网在种类和密度、精度等方面有了长足的发展，台网数据处理是全世界现代化程度最高的，已实现了全部数字化记录，每年可记录到3万个地震事件。

在抗震方面，美国吸收了受灾国家的经验教训，积极开发技术和经济上可行的设计和施工方法，采纳了几十项的智慧技术，使新建和现有建筑物都能达到抗震设防标准，已经解决了农村住房和城市住房的地震安全问题。

在森林资源调查和监测方面，美国利用"3S"技术对全美的森林资源进行调查和监测，现已经渗透到全球环境变化监测和森林保健（FHM）监测研究领域，能提出环境状态预报。

2013年，美国发布了《支持数据驱动型创新的技术与政策》，提出"数据驱动型创新"，其中最主要的包括"大数据"、"开放数据"、"数据科学"和"云计算"。如今，这些技术已得到越来越广泛的研究、推广和应用。

5.1.2　日本防灾减灾新技术应用情况

日本非常重视将先进的技术手段应用于防灾领域。由气象台、自动气象站组成的地面气象网与由卫星、雷达、探空仪、气象观测船等组成的日本气象立体观测系统；日本气象厅配置了巨型计算机，建立了新的数值预报模式。

日本的地震监测系统极为发达，其海底地震仪观测系统、深井观测系统、孔井式遥测地震监测网、微震遥测观测网、GPS观测网等遍及全国。近年来，日本大量采用高新技术如 GPS（空间定位系统）、VLBI（人造卫星激光测距）、SLR 等加强地震监测，配置了大量的地震仪、地壳应变仪、倾斜仪等进行高密度监测。

日本气象厅和消防厅在全国每个市、町、村至少安设了一台地震仪。同时，防灾科学研究所还在全国各地设置了高灵敏度地震仪 1800 台、宽带地震仪 70 台、强地震仪约 1000 台。高灵敏度地震仪通过捕捉人们感觉不到的微震，立体监测地壳内部的岩石运动，而宽带地震仪主要监测超长周期的固体潮。这两种地震仪全天候向防灾科学研究所传送数据。

日本能及时、准确地应对灾害，并在灾后迅速救援，得益于日本在防震救灾中使用的大量高科技。

日本气象厅建有一套 24 小时不间断运作的监测系统，以确保在地震发生的瞬间计算出震源、规模，是否引发海啸并发出海啸警报和预报。为提高地震等防灾情报的准确性和快速性，日本内阁府 1996 年 4 月开发了"地震受害假定系统和地震受害早期评价系统"（EES），通过该系统，可以在地震发生早期信息有限的条件下，根据数据库和气象厅的地震数据在短时间内估计所在区域人员伤亡、建筑损毁等地震破坏情况，这为政府迅速、准确地判断灾情，及时采取各项应对措施提供了重要的技术支撑。

日本还建立包括应急联络卫星移动电话系统、防灾情报卫星发报系统和部门内卫星在内的灾害信息搜集和传输情报共享系统。太空中的卫星为防震救灾提供通信支持。例如，2006 年年底，升空的技术试验卫星 8 号，其大型天线使与卫星通信的地面移动终端尺寸缩小到手机大小，使救灾工作更加方便。根据日本宇宙航空研究开发机构 2005 年 4 月公布的宇宙开发 20 年长期计划，日本将有效利用观测卫星和通信卫星应对灾害，用多颗卫星同时观测受灾情况，并构筑能及时通过手机向人们发出警报的卫星网。

21 世纪以来，日本发展了 S、C、X 波段气象测雨雷达网，研发了应用雷达格点降水资料的分布式洪水预报模型，基本形成了较为完善的中小流域洪水预报预警系统。

对于普通人来说，获得各种灾情信息的重要途径是手机。因此，日本总务省以具备接收地面数字电视电波功能的手机为基础，努力开发一套灾害报警系统。地震、水灾等灾害发生后，将地面数字电视的电波发送到这种手机上，处于关机状态的手机可以自动开启。利用这套系统，相关部门能及时向受灾者发送灾害状况和避难路线等信息。

日本的科技公司开发出一种在自然灾害发生后确认人身安全的系统，其中的关键装置是可以上网并带有全球定位功能的手机。中央和地方救灾部门通过网络向手机用户发送询问是否安全的电子邮件，用户可以通过手机邮件回答"平安"或"受伤不能动"，这样在救灾总部的信息终端上就会显示每个用户的准确位置。

为提高抗震性能，日本各行业在多种建设设施设备、建筑和建筑材料及附属设备等方面开发了大量的防震减灾技术和方法。

日本在信息家电和机器人技术方面不断取得进展，很多技术被灵活运用于救灾。日本在全国完善和推广的紧急地震速报系统，能在造成灾害的横波到达之前，通过互联网切断连接在网络上的家电设备的电源；研究机构开发的救援机器人能够感知人的体温，并能拍摄到被埋在瓦砾中的幸存者。

2013 年，日本公布了新 IT 战略——"创建最尖端 IT 国家宣言"。宣言阐述了 2013—2020 年以发展开放公共数据和大数据为核心的日本新 IT 国家战略，提出要把日本建设成为一个具有"世界最高水准的广泛运用信息产业技术的社会"。毫无疑问，这对推动防灾减灾新技术的应用具有非常重要的意义。

5.1.3 我国防灾减灾新技术应用现状

尽管和欧美、日本等发达国家相比，我国防灾减灾仍有一定的差距，但得益于综合科技能力的提升和新一代信息技术应用场景的拓展，近年来我国科技助力防灾减灾的成果有目共睹。例如，在海洋灾害预警领域，已经逐步建立起包括海洋卫星、地面海洋环境监测站、雷达、移动观测平台、海啸地震台等在内的"海天一体"检测手段，台风路径预报水平保持世界领先。

我国已建立起较为完善、广为覆盖的气象、海洋、地震、水文、森林火灾和病虫害等地面监测和观测网，建立了气象卫星、海洋卫星、陆地卫星系列。

在气象监测预报方面，我国已建成较先进的由地面气象观测站、探空站、各型天气雷达及气象卫星组成的大气探测系统，建立了气象卫星资料接收处理系统和现代化的气象通信系统和中期数值预报业务系统。

面对洪水，许多城市运用大数据、云计算、物联网等科技成果，实时监测气象、水文、地质等数据；上海、浙江、安徽等地将防汛救灾纳入智慧城市建设，提升指挥调度、信息共享、联动配合等能力；而在抗洪第一线，各种科技设备和前沿技术大显身手，让抗洪抢险更智慧、更高效、更科学。

根据官方披露的数据，2020年主汛期以来洪涝灾害造成多个地区损失严重，但与近5年同期均值相比，因灾死亡失踪人数下降56.5%，倒塌房屋数量下降72.4%，直接经济损失下降5.0%。灾情更加严重损失却在下降的根本原因，就在于迅速而精准的科学防汛工作。

目前，先进的测绘系统、地震动力学国家重点实验室的台阵探测计划、华为的通信设备、东方至远的干涉雷达……各种应用技术共同构成的技术体系，组成了我国防灾减灾救灾的核心力量。

我国发射了"资源一号""资源二号""张衡一号"等卫星，广泛应用于资源勘查、防灾减灾、地质灾害监测和科学试验等领域。

干涉雷达可通过12颗雷达卫星和14颗光学卫星，对我国400多个大中城市进行9年以上的高精度数据积累，通过雷达遥感来监测建筑安全和自然灾害；宽频带流动地震台阵已经成为开展高分辨率地震观测的重要手段。它的主要特点是分辨率高、探测深度大、布设灵活、探测价格低廉，可以放置在高寒、炎热、干燥、潮湿等恶劣复杂的观测环境中。特别适合于地震精确定位、地球结构三维成像、大地震动态跟踪、余震监测和多参量地震参数的综合研究。

在海洋监测方面，由验潮站、水位站、海上浮标和数百艘海上气象水温流动监测船组成的监测系统已基本形成。在海洋卫星的支持下，我国已初步形成了由海洋监测、通信、预报警报、海上救助组成的海洋灾害监测救护系统。

在抗震设防方面，从民居到大型公共设施，减隔震技术都得到了越来越广泛的应用。北京大兴机场、云南省博物馆新馆、新疆玛纳斯县公安局110指挥中心，乃至"一带一路"沿线国家缅甸的果敢酒店，都采用了减隔震技术。

云计算技术、大数据分析、物联网技术、人工智能、移动互联、IPv6、虚拟现实（VR）、增强现实（AR）等新一代信息技术，都在越来越广泛、越来越深入地应用于防灾减灾和应急管理处置等各个领域。

5.2 应急管理信息化发展

5.2.1 地理信息系统

地理信息系统在国际上被称为GIS，即Geographic Information System的缩写。在我国又被称为资源与环境信息系统。它是一种用于获取、存储、更新、操作、分析和显示空间相关信息的系统，具有很强的信息管理能力和空间数据处理、分析能力，借助于这个系统，可以解决上述应急反应中遇到的问题。

GIS作为一门新兴技术，在美国、日本等发达国家已经广泛应用在环境、地质、石油、市政管理、气象、地灾减灾等各项科学预测上，并取得了较好的效果。

在防灾减灾方面，GIS的优势在于可以整合多源数据（余震分布、遥感影像、地形、区划、交通、居民点、医院、临时医疗救助设施分布等），有助于灾情的快速掌握及救援快速规划。GIS可以将零散的、多个方面的特征信息与其对应的特征空间信息联系起来，从而能从一个全面的、系统的方向实施应急预案。同时，能根据实际反馈的信息，实时调整救灾应急方案，合理安排人力、物力，统筹安排救灾。

利用GIS强大的空间分析功能和空间数据的处理能力，可以建立应急反应的动态分析模型，从而为应急反应提供科学的决策。

GIS的应用，不仅能大大提高人们的震后应急反应能力，同时在城市防灾规划中发挥重要作用。很多地方已经着手研究基于 GIS 的城市防灾规划信息管理系统。随着信息技术的不断发展，GIS 在综合防灾、减灾中必将能发挥更大的作用。

5.2.2　数字地球

当人们通过卫星、飞机、气球、地面测绘、地球化学或地球物理等观测手段获得地球的大量数据，利用计算机把它们和与此相关的其他数据及其应用模型结合起来，在计算机网络系统里把真实的地球重现出来，形成一个巨系统时，你一定会为这样的系统所带来的巨大作用所鼓舞。因为它提供的数据和信息让人类终于能够更好、更有效地管理地球，甚至人类本身。这样一个数字形式的关于地球的巨系统，我们可以称为"数字地球"。

数字地球是我们星球的虚拟表示，它包含人类社会在内的所有系统和各种生命形式，并以多维、多尺度、多时相、多层面的信息设施表现出来。数字地球的外观是一个基于计算机的地球，具有交互式功能，是我们对真实地球认识的虚拟对照体，以及对真实地球及其相关现象统一性的数字化重现与认识。构筑数字地球，对于提高人们的生活质量、促进科学技术进步、实现经济与社会可持续发展，具有十分重要的意义。

首先，数字地球可以为我们提供一个内容丰富的地球表面自然与社会经济状况的数据平台，以及对地球表面系统物理、化学、生物和社会运动分析和模拟的技术体系。利用这个数据平台和技术体系，可以使我们有能力在计算机环境中尽可能真实地虚拟灾害的发生、发展过程，以及自然灾变现象和人类社会的相互作用规律，使我们能够更好地认知灾害系统的一些本质规律（如地震灾害的成灾机理等），从而为灾害的研究和预测预报提供依据。

其次，数字地球为我们提供了灾区大量定位、定量的自然环境和社会经济基础背景数据。利用地理信息系统和计算机模拟技术，通过对灾害发生时获得的遥感和地面监测数据及各种基础背景数据进行综合分析，就可以对灾害造成的损失、灾害发展态势及灾害对生态环境和社会发展造成的影响进行评估。

再次，当灾害发生时，抗灾抢险和紧急救援是最重要的任务。利用数字地球为我们提供的数据平台和技术系统，可以帮助灾害管理部门的决策者，迅速获知险情发生的地点和程度，制定科学合理的抢险措施和人员物资撤离方案，最大限度地避免人员伤亡和社会财富的损失。

最后，在灾害事件结束以后，数字地球又可以帮助我们针对灾区的区域自然环境特点和社会经济发展状况，制定和实施科学合理的灾后重建方案，以及长远的减灾规划，实现区域可持续发展。

5.2.3　城市大脑

城市大脑是指城市智能化管理系统。城市大脑利用人工智能、大数据、物联网等先进技术，为城市交通治理、环境保护、城市精细化管理、区域经济管理等构建一个后台系统，打通不同平台，推动城市数字化管理。

随着互联网类脑化和城市智能化的深度发展，智能单元广泛应用、全面连接，并在与人类社会的持续互动过程中自组织形成了类脑系统——城市大脑。城市大脑最终将具备城市中枢神经（云计算），城市感觉神经（物联网），城市运动神经（云机器人、无人驾驶、工业互联网），城市神经末梢发育（边缘计算），城市智慧的产生与应用（大数据与人工智能），城市神经纤维（5G、光纤、卫星等通信技术）。在上述城市类脑神经的支撑下，形成城市建设的两大核心：第一是城市神经元网络，实现城市中人与人、人与物、物与物的信息交互；第二是城市大脑的云反射弧，实现城市服务的快速智能反应。

城市大脑是支撑未来城市可持续发展的全新基础设施，其核心是利用实时全量的城市数据资源全局优化城市公共资源，及时修正城市运行缺陷，实现城市治理模式突破、城市服务模式突破、城市产业发展突破。

城市大脑的应用使社会治理从"救火式治理"变为"预判预警"，从碎片化治理变为整体性治理；探索了"用数据说话、用数据管理、用数据决策、用数据创新"的智慧治理模式。数据智能正在努力推动城市治理进入一个正向循环：通过更优的数据利用推动部门更好协同，从而挖掘了更多的应用场景、提供了更多的社会民生服务，最后这些场景、服务又会沉淀更多数据，推动智能化加速。

到 2020 年，在中国已经有近 500 个城市启动城市大脑建设计划，成为当前新型智慧城市建设的热点。通过融合交通、城管、环保、消防等多部门数据，城市大脑支持城市在交通治理、环境保护、城市精细化管理等方面的创新实践。

例如，借助城市大脑的应用，很容易实现"用数据研判、用数据决策、用数据治理"的城市交通治理新模式，利用机器智能调节路口信号灯、提前排空前方车流、快速发现并报告交通事故等技术，舒解城市拥堵问题。

在消防方面，城市大脑通过分布在城市各个场合、各个角落里面的摄像头、传感器等，第一时间采集火灾发生的所有信息，通过报警系统，第一时间报警，有利于消防部门迅速出警；城市大脑还可以将所采集到的信息，迅速按照分工，传达给相关联的行业，以供他们按照各自的专业和权限，采取不同的联动措施。城市大脑的应用，既为部门提供了即时信息，帮助部门做出判断；又为部门之间的沟通消除了障碍，避免因信息沟通不及时、信息沟通不畅、指令传达有延误等人为因素，影响救援工作效率，造成不必要的损失。

未来，"城市大脑"将成为整个城市的智能中枢，可以对整个城市进行全局实时分析，利用城市的数据资源优化调配公共资源。

5.3　防灾减灾新技术

5.3.1　物联网和云计算

美国麻省理工学院在 1999 年最早提出物联网概念，其作为新一代信息技术的重要组成部分，也是信息化时代的重要发展阶段。物联网技术在地质灾害预警方面的应用也越来越广泛，主要体现在地质灾害在线监测预警方面，且近年来在国外已成为研究热点。

"物联网"的概念是在"互联网"的基础上，将其用户端延伸和扩展到任何物品与物品之间，进行信息交换和通信的一种网络概念。也就是通过射频识别（RFID，俗称"电子标签"）、红外感应器、全球定位系统、激光扫描器等信息传感设备，按约定的协议，把任何物品与互联网相连接，进行信息交换和通信，以实现智能化识别、定位、跟踪、监控和管理的一种网络概念。

有学者认为，随着时代的发展，物联网将达到极大规模，远超过目前的互联网。与物联网相连的各种传感器和设备将达到万亿数量级，今后物联网将无处不在。

简单地说，物联网包括 3 个层面：末端设备或子系统（感知层），通信连接系统（网络层），以及管理和应用系统（应用层）。其服务领域可以覆盖公共安全、工业农业、交通运输、商业流通、能源环境、医疗卫生、消费电子、智能建筑、IT 服务等。

在法国和瑞士之间，阿尔卑斯山高拔险峻，矗立在欧洲北部。高海拔地带累积的永久冻土与岩层历经四季气候变化与强风的侵蚀，积年累世所发生的变化常会对登山者与当地居民的生产和生活造成极大影响，要获得对这些自然环境变化的数据，就需要长期对该地区实行监测，但该区的环境与位置决定了根本无法以人工方式实现监控。在以前，这一直是一个无法解决的问题。

但在 2006 年，一个名为 PermaSense Project 的项目使这一情况得以改变。PermaSense Project 计划希望通过物联网（Internet of Things）中无线感应技术的应用，实现对瑞士阿尔卑斯山地质和环境状况的长期监控。监控现场无须人为参与，而是通过无线传感器对整个阿尔卑斯山实现大范围深层次监控，包括温度的变化对山坡结构的影响及气候对土质渗水的变化。参与该计划的瑞士巴塞尔大学、苏黎世大学与苏黎世联邦理工学院，派出了包括计算机、网络工程、地理与信息科学等领域专家在内的研究团队。据他们介绍，该计划将物联网中的无线感应网络技术应用于长期监测瑞士阿尔卑斯山的岩床地质情况，所搜集的数据除可作为自然环境研究的参考外，经过分析后的信息也可以作为提前掌握山崩、落石等自然灾害的事前警示。

近年来，随着我国科学技术的发展，物联网技术已经在不同行业得到广泛应用。当突发自然灾害时，物联网技术可以有效实现对人、物体的识别跟踪、定位监控、追溯记录，为搜救抢险赢得时间。

例如，灾难发生后，一旦有人被埋于废墟、陷入火海或掉入水中，其身上的智能电子标签就会发出无线电信息（如身在何处、周边环境状况等），而布置在太空中的全球卫星导航系统、高精度卫星遥感就会接收到这些信息，并把这些信息传输到附近的110指挥中心或其他部门进行处理。

物联网技术可以有效协助我们降低各种灾害带来的损失，利用物联网技术提高防灾减灾能力。

物联网和云计算是密切相关的。一方面，大规模物联网必然要依托云计算平台，它相当于物联网的"大脑"，接收物联网众多设备传来的信息，通过处理后，再控制和管理这些物联网设备，实现特定的服务；另一方面，随着云计算的发展，它的服务领域正在不断扩大，毫无疑问，云计算的高级阶段将具有物联网服务能力。

云计算是对网格计算和并行、分布式处理的升级延伸发展，其可以利用一系列计算资源共享池执行计算，在大量分布式计算机上完成，来实现计算资源的集中分布和充分共享。

例如，灾区的海量信息由卫星收集，通过物联网发回地面控制中心并可实时刷新。通过物联网传递的海量信息都放在"云"上统一管理和调度，通过不断提高的"云"的处理能力，可以减少用户终端的处理负担，最终使用户终端简化成一个单纯的输入输出设备，并按需使用"云"的强大计算处理能力和检索能力，如统计多少人存活多少人遇难、所处准确方位等。

5.3.2　大数据和人工智能

"大数据"概念最早由维克托·迈尔·舍恩伯格和肯尼斯·库克耶其编写的《大数据时代》中提出，指不用随机分析法（抽样调查）的捷径，而是采用所有数据进行分析处理。有关学者给大数据（Big Data）下的定义是：无法在一定时间范围内用常规软件工具进行捕捉、管理和处理的数据集合，是需要新处理模式才能具有更强的决策力、洞察力和流程优化能力的海量、高增长率和多样化的信息资产。

大数据有4个层面的特点（4个"V"）：一是数据体量巨大（Volume）；二是数据类型繁多（Variety）；三是处理速度快（Velocity）；四是价值密度低（Value）。只有合理利用数据并对其进行正确、准确的分析，才能带来较高的价值回报。

大数据在防灾减灾方面的应用是非常广泛的。例如，地质资料经过长期积累，种类、数量不断增长，包括各类电子文件，结构化、半结构化、非结构化的数据，以及文档、图件、数据库、表格、视频等。大数据时代的信息获取更加方便，因此，将大数据与地质灾害监测预警评估、防治等相结合，显得十分方便和重要。

现代信息技术及物联网等计算机技术的不断发展，使得大数据技术逐步发展起来。在人工智能方面，深度学习的特征和优势，为大数据提供了很好的分析和处理手段；同时，也因为大数据海量样本的提供，促进了自身的发展。

人工智能是研究、开发用于模拟、延伸和拓展人的智能的理论、方法、技术及应用系统的一门新的技术科学，简称 AI。人工智能是计算机科学的一个分支，这个领域的研究包括机器人、语言识别、图像识别、自然语言处理和专家系统等，它试图了解智能的实质，并生产出一种新的能与人类智能相似的方式做出反应的智能机器，是对人的意识思维信息过程的模拟。

人工智能技术的应用，已开始引领防灾减灾科技发展的最前沿，正以超乎寻常的速度进入灾害预测、灾害处置、灾害救援等领域。

例如，人工智能技术引入地震减灾领域后，在增强地震学大数据分析方面显示出强大适用性，极大地提高了地震减灾的准确性和效率。目前人工智能已成功应用在包括地震事件检测、地震信号分类、地震参数估计、信号降噪、地震动预测、地下层析成像、余震模式识别和有效的可视化等诸多方向，对地震监测、预警、预测、风险评估、风险防治等业务的技术体系形成巨大冲击。

5.3.3　卫星和遥感技术

近几十年来，我国应用卫星得到快速发展，目前在轨应用卫星有 300 多颗，包括对地观测卫星、导航卫星、通信卫星等，基本构成了应用卫星体系，为航天技术应用和发展奠定了良好基础，也为防灾减灾工作提供了强大的技术支撑。

在重大灾害发生时，卫星系统可以成为灾害应急响应的重要手段。导航卫星可以及时确定灾害发生位置和范围；卫星通信可以及时报告受灾信息并进行救灾指挥；对地观测卫星能够对灾害进行大范围、全天候、全天时动态监测，为紧急救援、灾后救助及恢复重建和环境保护工作提供依据。

风云系列气象卫星，采用静止轨道和极轨两种轨道，实现全球全天候气象观测，大大提高了气象预报的准确性和时效性，对灾害性天气如台风、暴雨等可实施连续监测，从而减少人民的生命、财产损失。

利用气象卫星、环境卫星及资源卫星可以对干旱和暴雨等灾害进行预报、预警，并监测灾害强度、范围，为防灾救灾提供决策支持。卫星及其应用带动了人工智能、机器人、遥操作、光学通信、无线电传输、数据处理和新材料、新能源等大量新技术的发展。卫星对地观测推动了气象学、海洋学、地质学、地理学、测绘学的发展，产生了一系列新的分支学科。

鉴于卫星是沿着轨道走的，而它的轨道是固定的。由于轨道的限制，高分辨率卫星一次只能拍一个小的条带。如果适逢天气不好，即使卫星经过也看不到地面，就无法拍摄图像。所以更详细的数据要靠航空遥感来解决。

遥感技术是 20 世纪 60 年代蓬勃发展起来的一门新兴的综合性探测技术，它根据电磁波的传播原理及各种传感仪器对远距离目标具有辐射和反射等功能，通过收集、处理最后形成图像，从而对地面各种景物进行探测和识别的一种综合技术。

随着现代物理学、空间技术、电子技术和计算机技术、信息科学、环境科学等的发展，遥感技术已成为一种影像遥感和数字遥感相结合的先进、实用的综合性探测手段，被广泛应用于农业、林业、地质、地理、海洋、水文、气象、环境监测、地球资源勘探及军事侦察等各个领域。采用遥感技术可在地震发生后快速地获取地震区遥感图像，根据震害分类分级标准及其影像模型快速处理，判读图像，确定极震区位置、灾害范围、宏观地震烈度分布、建筑物和构筑物破坏概况、亟须抢修的工程设施等，以便为震后速报灾情、快速评估地震损失、救灾减灾决策提供依据。

航空遥感可以在最短的时间内，在整个区域范围内，把灾区地形地貌情况了解清楚，特别是像山区的次生灾害，如滑坡、泥石流等，进而把地质构造变化情况及构筑物的损失情况勘察清楚。

5.3.4　无人机技术

无人机（Unmanned Aerial Vehicle，UAV）是一种机上无人驾驶的航空器，具有动力装置和导航模块，在一定范围内靠无线电遥控设备或计算机预编程序自主控制飞行。

1917年第一架无线电控制的无人飞行器诞生，20世纪60年代无人机开始应用在侦察领域。1979年，普尔兹比拉等用无线电手动控制固定翼无人机，配备光学相机，完成了最早在航空摄影测量中使用固定翼无人机的实验。1980年，他们使用航模无人直升机开展了历史上首次旋翼无人机航空摄影测试。

自2005年以后，无人机测绘遥感技术进入快速发展阶段，"5·12"汶川地震等多次重大自然灾害应急服务展示了轻小型无人机测绘遥感技术令人瞩目的能力。

我国无人机产业起步较晚，但发展迅速。无人机在防灾减灾领域的应用主要包括灾情监测、高清数据采集、应急指挥支持等。

近年来，无人机防汛应急指挥调度系统、无人机应急指挥车、空中测验报汛平台等，可在山洪或泥石流等灾害造成通信网络中断的情况下，建立前线与后方移动会商系统，为指挥决策提供支持。

无人机作为应急救援不可或缺的装备，正发挥着越来越重要的作用。在地震灾害救援中，无人机技术能够动态提供房屋损毁倒塌信息、道路桥梁通畅信息、搜救人员地面线路信息、灾区排查辅助评估信息、救援人员现场作业信息，协助完成危楼建筑排查工作。其特点是灵活机动、高效快速、成本低廉，可用于指挥协调、搜索救援、决策支持等任务。

随着无人机应用技术的发展，无人机救援会以更多的方式和途径为人们的防灾减灾提供帮助。

5.3.5　虚拟现实技术

虚拟现实技术（Virtual Reality，VR），是20世纪发展起来的一项全新的实用技术，其基本实现方式是借助计算机或相关硬件设备模拟，产生一个三维空间的虚拟世界，为使用者提供听觉、视觉、嗅觉、触觉等多种感官的实时模拟与实时交互，让使用者拥有身临其境的感受，可随时且无限度地观察三维空间事物。

虚拟现实技术的主要特点是交互性、沉浸性和想象性。交互性是指参与者可以自然方式与虚拟环境之间交互，这样的交互形式比平面图形交互形式更丰富、更生动。沉浸性又称临场感、浸入性，是指虚拟环境能够带给参与者身临其境的体验，从而产生与真实世界一样的感觉。想象性使得参与者从被动转为主动接受事物，通过感性与理性认识主动探寻信息，深化概念并进而产生认知上的新意和构想。

随着社会生产力和科学技术的不断发展，各行各业对虚拟现实技术的需求日益旺盛，虚拟现实技术也取得了巨大进步，并逐步成为一个新的科学技术领域。三维GIS、全景图像、全息现实、增强现实等都可归于虚拟现实的范畴。在包括防灾减灾在内的很多领域，虚拟现实技术的应用越来越广泛，发挥的作用越来越大。

利用虚拟现实技术可以建立各种虚拟实验室，突破了场地、设备、经费等问题带来的局限性，同时规避了某些危险实验带来的隐患。对于日常教学中难以理解的构造、原理等问题，通过虚拟现实技术可以直观地教学，使学习者快速掌握了解相关知识。

　　虚拟现实技术早在 2006 年就已被引入国家地震应急救援演练中，通过对各类灾害数值模拟和人员行为数值模拟的仿真，在虚拟空间中仿真灾害发生、发展的过程，以及人们在灾害环境中可能做出的各种反应，救援人员可通过视觉、听觉、触觉等多感官与之进行实时互动，大大提高了救援演练的真实性。演练者在高真实感和可交互的虚拟地震场景中进行地震逃生与疏散演练，不受时间空间的限制，多次重复强化演练，实现安全、便捷、廉价的演练效果。

　　目前，在培训和宣传教育方面，虚拟现实技术主要是增加了一种防灾减灾方面的信息展示方式。未来，随着全息现实、VR 设备、数字孪生、BIM（建筑信息模型）等相关技术的发展，可探索在应急推演、调度指挥等方面的深入应用。

5.4　防灾减灾新设备

5.4.1　海事卫星电话

　　海事卫星是一个全球覆盖的移动卫星通信系统，它通过国际海事卫星接通船与岸、船与船之间的电话业务，主要用于船舶与船舶之间、船舶与陆地之间的通信，可进行通话、数据传输和传真。海事卫星电话业务通过国际公用电话网和海事卫星网连通实现。其中，海事卫星网路由海事卫星、海事卫星地球站、船站及终端设备组成。

　　海事卫星移动通信系统目前已发展到第五代，空间段采用 3 颗卫星主用（120° 间隔）加 1 颗备用静止轨道卫星的组网方式，具有覆盖面积广、通信容量大、通信质量高、可全时通信等特点。

　　海事卫星电话由于不需要地面通信设备，只需要一个笔记本大小的终端设备把信号发射到空中，由空中的海事卫星系统接收后，再通过海事卫星系统把信号传输到目的地，即可完成通信业务。因此，在海上常规通信、遇险与安全通信及特殊通信中起到了重要作用。

5.4.2 生命探测仪

生命探测仪实际上是一个呼吸和运动探测器。它的工作原理是：雷达信号发送器连续发射电磁信号，对一定空间进行扫描，接收器不断接收反射信号并对返回信号进行算法处理。通过这种探测仪，救援人员可以透过混凝土、砖、雪、冰和泥浆，探测人力无法到达的区域是否还有人员被困，从而实施援救。

生命探测仪是通过测试被困者的呼吸运动或者移动来工作的，如果被探测者保持静止，返回信号是相同的；如果目标在动，则信号有差异；通过对不同时间段接收的信号进行比较等算法处理，就可以判断目标是否在动。

生命探测仪根据不同的原理分为光学生命探测仪、热红外生命探测仪、声波振动生命探测仪。

（1）光学生命探测仪

光学生命探测仪是利用光反射进行生命探测的。仪器的主体非常柔韧，像通下水道用的蛇皮管，能在瓦砾堆中自由扭动。仪器前面有细小的探头，可深入极微小的缝隙探测，类似摄像仪器，将信息传送回来，救援队员利用观察器就可以把瓦砾深处的情况看得清清楚楚。只要废墟上有一个手指粗细的眼，光学生命探测仪就可以伸入，探头在下面旋转后将图像传上来，基本确定被埋人所处的位置和被困地形，并且可以做到不伤害被压人员。

（2）热红外生命探测仪

热红外生命探测仪是通过感知温度差异来判断不同的目标，因此，在黑暗中也可照常工作。它能够探测到并且显示出遇难者身体散发的热量，从而帮助救援队员很快确定被埋在废墟底下或隐藏在尘雾后面遇难者的位置。热红外生命探测仪还可用于检测煤矿井下隐性火区分布、火源的位置，也可非接触性检测井下中央与灾区变电所各种开关、接头、变压器的事故隐患，水泵、防爆电机及动力设备（动力电缆）的温升，运输机及运输皮带的发热状态。

（3）声波振动生命探测仪

声波振动生命探测仪依靠识别被困者发出的声音寻找生命。即便人被困在一块相当严实的大面积水泥楼板下，只要心脏还有微弱的颤动，探测仪就能感觉出来。这样救援队员就可以确定废墟下是否有人生存。说话的声音对它来说最容易识别，因为设计者充分研究了人的发声频率。如果幸存者已经不能说话，只要用手指轻轻敲击，发出微小的声响，也能够被它听到。

5.4.3 救灾机器人

救灾机器人是基于机器人研发技术及远程操控技术而集机器人系统、传感技术、人类接口技术和数据处理于一体的系统，可用在非常困难的大规模灾害救援活动中实现对现场情况的收集和判断，并传输到后方指挥系统；通过远程操控对危机进行处理，为人员的进入扫清潜在的危险障碍。

救灾机器人的作业能力是机器人的感知能力、运动能力、存活能力、通信能力与人机交互有机结合的体现，在搜寻、勘查、救助等救援过程中远强于人类。在恶劣的救援环境中，它能够迅速找到遇险者的具体位置，从而有效地降低灾害的危害性，提高救援效率。根据不同的场景需要，目前已开发出了多种特种救灾机器人。

（1）火灾救援机器人

火灾救援机器人属于特种机器人，融合了电子计算机、理论基础、机械控制和人工智能等高新技术，其应用范围包括重大卫生事故、地下建筑、高层建筑、密闭空间、密闭空间和密闭空间等。

火灾救援机器人通过内外部转配的温度传感器、二氧化碳监测仪、光谱检测仪等获知周边环境数据，中央大脑数字信号处理器根据实施参数变化并结合事故现场情况实现路线规划、群众疏散的功能。

在特殊场景下，火灾救援机器人还会应用不同仪器，如超声波探测仪、微型声呐、微型雷达等，并结合外部传感器温度数据，回传给内部避障前进系统，再进行判断前进是否会对机器人造成损害，做出正确决策，安全到达事故地点并迅速开展援救措施。

（2）防洪机器人

防洪机器人也是特种机器人的一种，人工智能技术与机器人技术的理念碰撞，使得防洪工作得以高效运行。防洪机器人包括巡视无人机、水下探视仪、遥控救生机器人等。其中，无人机可依托适合低空长距离飞行、精确接收指令、实时图像传输、准确进行自身定位的优势，为救援人员及遥控救生机器人提供准确的位置信息与环境信息；水下探视仪可凭借自身的微小性穿梭于洪灾后的废墟之中，其具备实时图传功能，能够对灾区水质、水浸建筑的损坏情况进行探测；遥控救生机器人具有优越的防水性能，还具备移动灵活、能同时搭载一人甚至多人高效救援的特点，适用于城市洪灾的人员救助等情况。

（3）危险物品处理机器人

危险物品处理机器人也是特种机器人之一。在石油化工领域的管道内，充斥着易燃易爆或有毒性质的物质。若不能紧急对管线阀门进行关闭，将导致物质泄漏，严重的可引发城市火灾、环境污染和毒气泄漏。危险物品处理机器人具有可以接收操控员高级指令、实时回传现场图像、实时监测现场环境等优势，能够深入危险区，完成关闭阀门、人员救助、数据监测等操作。

（4）地震救援机器人

地震救援机器人能够进行现场协助救援，更快地完成幸存者搜救任务。地震救援机器人主要分为实地检测与目标营救两大类。其中，前者具备出色的爬坡越障能力，同时装备多种类型的传感器与图像传输装置，能够实时监测废墟内数据变化并回传；后者具备遥控功能，对操控指令响应迅速，能够实施精确的救援工作，并且在发生意外情况时自主分析环境，做出最正确的决策。

日本科学家研制出一种可以在废墟中爬行的小型机器人，它们可以承担营救被困于地震废墟中幸存者的重任。这种机器人可以通过有节奏的收缩运动沿着地面爬行。由于机器人宽度仅有几厘米，遥控人员可以利用磁场原理推动机器人在细小的墙壁裂缝中穿行，机器人身上除了安装照明灯泡和摄像机之外，还配有一系列用来测量辐射程度或氧气含量等指标的传感器。这些指标可以显示某个区域是否安全，以便救援人员对被困者实施营救。

5.4.4 高科技脉冲设备

脉冲技术（Pulse Techniques）是脉冲信号产生和波形变换的技术。脉冲技术已广泛应用于电子计算机、通信、雷达、电视、自动控制、遥测遥控、无线电导航和测量技术等领域。

脉冲灭火技术是当今最高效的灭火技术，由于灭火时间通常小于1秒，而且对应用场所的密封性没有要求，因此，非常适用于非封闭空间或室外的保护对象。

瑞典消防科技部门研制了一种专门用于扑救火灾的高科技脉冲设备，受到国际消防技术委员会的高度重视。

为了检测高科技脉冲灭火设备在扑灭隧道火灾中的重要作用，有关专家和技术人员在瑞典西海岸隧道中进行了灭火试验。

试验开始时，在隧道中部点燃大火，环保部门立即检测火灾不同阶段的温度和各种有害气体含量。然后，消防部门用新技术设备迅速扑灭火灾。此后又进行过多次试验，结果都证实用此新设备扑灭火灾优点非常明显，不仅灭火速度快，而且节省大量灭火用水。

脉冲灭火设备主要用水做灭火剂。水的独特优点是能迅速吸收大量热，温度越高，吸收的热越多。此设备在10～50毫秒内就可喷洒大量水雾，每升水喷出的水雾可覆盖200平方米。大量雾状小水滴迅速吸热降温，只在几分钟内便可迅速控制和扑灭火灾。不但灭火速度快，而且节省大量灭火用水和保护环境。和水喷淋等灭火设备相比，可节省灭火水95%。

此设备中的大功率高压系统可促使喷水阀门加速开关周期，每开关一次只用10～30毫秒。高压阀门安装在驱动设备和贮水罐之间，把驱动燃料和灭火剂分开。灭火时用25 Pa气压迫使贮水器中水流出，设备起动后，阀门便自动打开喷水灭火。

这种设备有多种规格，既可携带移动使用，又可固定在着火处灭火，还可以安装在直升机上，扑灭森林火灾或协助地面消防人员灭火。用此新设备扑灭隧道火灾时，还应备有与此相匹配的防火设备，如红外探测器、温度传感器、程序控制计算机和隧道运水灭火车等。当隧道内的温度高于闭限值时，感温报警器便发出信号。此时，脉冲灭火设备便自动起动喷雾状水灭火。若是阴燃火灾，便用红外探测器快速测定火源，并立即降温灭火。

我国部分城市的公交车发动机舱室内安装了脉冲超细干粉自动灭火装置，它由脉冲超细干粉灭火装置、启动组件或热敏线、消防电源及显示盘等组成。这种装置遇火能瞬间启动。该项技术体现了"快速响应、早期抑制、高效灭火"这一消防先进理念，是当今世界各国争相研制的前沿技术。

除了用于灭火，脉冲设备还用于武器的研究。电子脉冲武器是依靠人工技术产生的电子脉冲，在特定地区或目标周围空间造成瞬间的破坏性电子环境，致使对方的电子电路、雷达、通信指挥系统遭到破坏或干扰，从而达成战役、战术目的的新概念武器。

5.4.5 超声波灭火训练器

日本制造出一种超声波灭火训练器。它由超声波发射器和接收器组成，超声波发射器的外形、重量及使用方法和普通灭火机完全相同，只是内部不装填灭火剂，只发射超声波。

超声波接收器附有一套模拟着火装置，一方装有红灯。接通电源后，红灯映红灯上部的红布，看上去就像火焰在熊熊燃烧一样，同时扬声器传出火警时特有的呼叫声。这时将超声波发射器的喷口对准"火焰"，"火焰"就会逐渐变小，直至"熄灭"。如果在17秒内不能将"火焰"熄灭，火焰又会重新燃烧起来，表示灭火动作不当。

这种技术可以用来训练消防人员。普通人员也可以尝试使用，以便在火灾时能以正确的方式在短时间内灭火。